Universität Stuttgart
Institut für Energieübertragung und Hochspannungstechnik, Band 49

Auswirkungen von Elektromobilität im Straßengüterverkehr auf das elektrische Energieversorgungssystem

Auswirkungen von Elektromobilität im Straßengüterverkehr auf das elektrische Energieversorgungssystem

Von der Fakultät
Informatik, Elektrotechnik und Informationstechnik
der Universität Stuttgart
zur Erlangung der Würde einer Doktor-Ingenieurin (Dr.-Ing.)
genehmigte Abhandlung

vorgelegt von

Kathrin Walz

aus Mühlacker

Hauptberichter:	Prof. Dr.-Ing. habil. K. Rudion
Mitberichterin:	Prof. Dr.-Ing. J. Hanson
Tag der Prüfung:	04.02.2025

Institut für Energieübertragung und Hochspannungstechnik
der Universität Stuttgart

2025

Bibliografische Information der Deutschen Nationalbibliothek:

Die Deutsche Nationalbibliothek verzeichnet diese Publikation in der Deutschen Nationalbibliografie, detaillierte bibliografische Daten sind im Internet über http://dnb.dnb.de abrufbar.

Universität Stuttgart
Institut für Energieübertragung und Hochspannungstechnik, Band 49

D 93 (Dissertation Universität Stuttgart)

Auswirkungen von Elektromobilität im Straßengüterverkehr auf das elektrische Energieversorgungssystem

Verlag: BoD · Books on Demand GmbH, Überseering 33,

22297 Hamburg, bod@bod.de

Druck: Libri Plureos GmbH, Friedensallee 273, 22763 Hamburg

ISBN: 978-3-8192-0946-8

Danksagung

Die vorliegende Arbeit entstand im Rahmen meiner Tätigkeit als wissenschaftliche Mitarbeiterin am Institut für Energieübertragung und Hochspannungstechnik (IEH) der Universität Stuttgart. An erster Stelle danke ich meinem Doktorvater Prof. Dr.-Ing. habil. Krzysztof Rudion für die Anregungen, fachlichen Diskussionen und das stete Interesse an meiner Arbeit. Seine Unterstützung, Förderung und der mir übertragene Gestaltungsspielraum trugen nicht nur entscheidend zum Gelingen dieser Arbeit sondern auch zu meiner persönlichen Weiterentwicklung bei. Prof. Dr.-Ing. Stefan Tenbohlen danke ich für das Vertrauen und die Diskussionsbereitschaft. Prof. Dr.-Ing. Jutta Hanson danke ich für die Anfertigung des Mitberichts und ihre Anregungen. Zudem möchte ich der Verwaltung des IEH, Annette Gugel, Janja Schulz, Markus Miller sowie Herrn und Frau Schärli herzlich für ihre organisatorische und menschliche Unterstützung danken.

Angeregt wurde diese Arbeit durch meine Untersuchungen im Rahmen der Forschungsprojekte FELSeN und TruckConnect. Die fachlichen Diskussionen mit einer Vielzahl von Vertreterinnen und Vertretern aus Stromnetz- und Logistikbranche trugen maßgeblich zum praxisnahen Bezug dieser Arbeit bei. Besonders möchte ich mich dabei bei Cristina-Maria Moraw von der Netze BW für die sehr gute Zusammenarbeit und die fundierten fachlichen Anregungen bedanken.

Meinen Kolleginnen und Kollegen am IEH danke ich für die große Hilfsbereitschaft und die freundschaftliche Atmosphäre. Das herausragende Arbeitsklima hat maßgeblich dazu beigetragen, dass mir die Arbeit immer große Freude bereitet hat. Paul gebührt großer Dank für das akribische Auffinden von Fehlern und gute Anmerkungen bei der Korrektur meiner Arbeit. Nelly und Daniel danke ich für die tolle Büronachbarschaft und Unterstützung, Charlotte und Denis für die inspirierenden fachlichen und nichtfachlichen Diskussionen und ihre Freundschaft, die meine Zeit am IEH besonders bereicherten.

Ganz besonders danke ich meinen Eltern Anita und Peter Walz, für ihre uneingeschränkte Unterstützung und Förderung in allen Lebenslagen. Der größte Dank gilt meinem Freund Nils für die Unterstützung, Motivation, Geduld und den Humor während aller Höhen und Tiefen dieser Arbeit.

Kurzfassung

Die Ziele zur Senkung der Verkehrsemissionen machen es notwendig, auch im Straßengüterverkehr alternative Antriebskonzepte zu nutzen. Eine Möglichkeit bietet der Einsatz batterieelektrischer Lastkraftwagen (E-Lkw). Der Aufbau der Ladeinfrastruktur für diese Fahrzeuge führt zu neuen Anforderungen an das elektrische Energieversorgungssystem, auf welche dieses bisher noch unzureichend vorbereitet wurde. Gleichzeitig kann ein noch nicht ausreichend ausgebautes Stromnetz den Ladeinfrastrukturausbau und damit den Hochlauf der Elektrifizierung bremsen. In Verbindung mit den langfristigen Planungshorizonten in der Stromnetzplanung ist es daher zwingend notwendig, den zukünftigen Ladebedarf von E-Lkw bereits heute zielsicher quantifizieren und regionalisieren zu können. Allein dies erlaubt es, den Netzausbau als Basis zur Gewährleistung der Verkehrswende rechtzeitig in die Wege zu leiten.

Die aktuell noch geringe Durchdringung von E-Lkw im Fahrzeugbestand und daraus resultierend wenigen Erfahrungswerten zu deren Ladebedarf erschweren die Berücksichtigung des E-Lkw-Ladens in der Energiesystemplanung. Da sich das Laden der E-Lkw signifikant vom Laden batterieelektrischer Personenkraftwagen (E-Pkw) unterscheidet, ist die Entwicklung neuer Planungsansätze und Kennwerte zur Quantifizierung des Ladebedarfs unerlässlich. Ziel dieser Arbeit ist daher die Entwicklung eines Verfahrens, welches die Einbindung von E-Lkw-Laden in die Netz- und Energiesystemplanung erlaubt. Damit können die Auswirkungen von E-Lkw im Straßengüterverkehr auf das elektrische Energiesystem analysiert und allgemeine Kennwerte zur Beurteilung des Ladebedarfs abgeleitet werden.

Der Ladebedarf von E-Lkw ist nicht nur zunehmend zeit-, sondern im Gegensatz zu konventionellen Lasten im Energiesystem durch die Mobilität der Fahrzeuge auch signifikant ortsabhängig. Im Rahmen dieser Arbeit wird daher ein zeitreihenbasiertes Generationsverfahren für synthetische E-Lkw-Ladeprofile entwickelt, mithilfe dessen der Ladebedarf zudem regionalisiert werden kann. Das Verfahren basiert auf der Nutzung realer Lkw-Mobilitätsdaten, Fahrzeugparameter und Standortmerkmale wichtiger logistischer Knotenpunkte. Als Ergebnis der Arbeit steht eine Methodik zur Verfügung, die es erlaubt, das Laden von E-Lkw in zeitreihenbasierten probabilistischen Netzsimulationen zu berücksichtigen. Dies beugt nicht nur ungenauen Dimensionierungen in der Stromnetzplanung vor und lässt die Ableitung neuer Netzplanungsgrundsätze zu, sondern ermöglicht auch die Bewertung der Nutzung des Flexibilitätspotentials der Lkw-Batterien aus Systemsicht. Anhand von drei Fallstudien wird die Anwendung der Methodik in der Praxis demonstriert.

Abstract

The targets for reducing traffic emissions also necessitate the use of alternative drive concepts in road freight transport. One possibility is the use of battery-electric trucks (e-trucks). The ramp-up of charging infrastructure for these vehicles leads to new requirements on the electric energy supply system, for which it is not yet prepared. At the same time, an electricity grid that is not yet sufficiently developed can slow down the expansion of the charging infrastructure and thus the acceleration of electrification. In conjunction with long-term planning horizons in electricity grid planning, it is therefore necessary to be able to quantify and regionalize future charging requirements of e-trucks with certainty today. This alone makes it possible to initiate necessary grid expansion in a timely manner, forming the basis for ensuring transport transition.

The ongoing low penetration of e-trucks in vehicle population and the resulting lack of experience regarding their charging requirements make it difficult to take e-truck charging into account in power system planning. Since charging of e-trucks differs significantly from charging of battery-electric passenger cars (e-cars), the development of new planning approaches and parameters is essential. Therefore the aim of this work is to develop a procedure that allows the integration of e-trucks charging into grid and power system planning. The goal is to analyze the impact of e-trucks in road freight transport on the electric energy supply system and to derive general parameters for assessing charging requirements.

The charging demand of e-trucks is not only increasingly time-dependent but, in contrast to conventional loads in the power system, also significantly location-dependent. Therefore this work develops a time-series-based generation method for synthetic e-truck charging profiles, which can also be used to regionalize charging demand. The method is based on the use of real truck mobility data, vehicle parameters and location characteristics of important logistics hubs. The result of the work is a methodology that allows charging of e-trucks to be taken into account in time-series-based probabilistic grid simulations. Thus not only prevents inaccurate dimensioning in electricity grid planning and allows new grid planning principles to be derived, but also enables the utilization of the flexibility potential of truck batteries to be evaluated from a system perspective. Three case studies are used to demonstrate the application of the methodology in practice.

Inhaltsverzeichnis

Abbildungsverzeichnis

Tabellenverzeichnis

Abkürzungsverzeichnis

Abkürzung	Bedeutung
AC	Alternating Current (engl. Wechselstrom)
ArbZG	Arbeitszeitgesetz
CCS	Combined Charging System (engl. kombiniertes Ladesystem)
CIGRE	Conseil International des Grands Réseaux Électriques (franz. Internationaler Rat für große elektrische Netze)
DC	Direct Current (engl. Gleichstrom)
E-Lkw	Batterieelektrischer Lastkraftwagen (engl. e-trucks)
E-Pkw	Batterieelektrischer Personenkraftwagen (engl. e-cars)
ERFT	European Road Freight Transport Survey (engl. Erhebung über den europäischen Güterkraftverkehr)
HS	Hochspannung
KEP-Depot	Kurier-, Express-, Paketdienstleister- Depot
KiD	Kraftfahrzeugverkehr in Deutschland
KrFArbZG	Gesetz zur Regelung der Arbeitszeit von selbstständigen Kraftfahrern
MCS	Megawatt Charging Standard (engl. Megawatt-Ladestandard)
MS	Mittelspannung
NUTS	Nomenclature des Unités territoriales statistiques (franz. Systematik der Gebietseinheiten für die Statistik)
PV	Photovoltaik
SOC	State of Charge (engl. Ladezustand)
ÜNB	Übertragungsnetzbetreiber

UW	Umspannwerk
VNB	Verteilnetzbetreiber

Symbolverzeichnis

Symbol	Bedeutung	Einheit
a_{E}	Anzahl der jährlich zurückgelegten elektrischen Fahrten	
a_{K}	Anzahl der jährlich zurückgelegten konventionellen Fahrten	
a_{LIS}	Anzahl an Stopps mit verfügbarer Ladeinfrastruktur	
$\boldsymbol{B}$	Ladeszenario	
b	Mehrbedarfsdeckung (Standzeitverlängerung oder Zwischenladen)	
C_{Bat}	Batteriekapazität des Fahrzeugs	kWh
d_{A}	Vor Ankunft des Fahrzeugs am Ladestandort zurückgelegte Strecke	km
d_{D}	Nach Abfahrt des Fahrzeugs vom Ladestandort zurückgelegte Strecke	km
F	Fahrzeug	
g	Gleichzeitigkeitsfaktor von Ladevorgängen	
L	Ladestandort eines Fahrzeugs	
l	Ladeverhalten (sofort, verzögert, gleichmäßig, flexibel)	
m	Gewichtsklasse des Fahrzeugs	T
n	Anzahl der Fahrzeuge	
P	Wirkleistung	kW
$\boldsymbol{P}_{F_1}$	Kumulierte Wirkleistungszeitreihe der Ladevorgänge eines Fahrzeugs F_1 an x verschiedenen Ladestandorten	kW

$\boldsymbol{P}_{F_1,L_j}$	Wirkleistungszeitreihe des Fahrzeugs F_1 am Ladestandort L_j	kW
$P_{F_1,L_j,t}$	Wert der Wirkleistungszeitreihe des Fahrzeugs F_1 am Ladestandort L_j zum Zeitpunkt t	kW
$\boldsymbol{P}_{F_j,L_1}$	Wirkleistungszeitreihe des Ladevorgangs eines Fahrzeugs F_j am Ladestandort L_1	kW
$P_{F_j,L_1,t}$	Wert der Wirkleistungszeitreihe des Ladevorgangs eines Fahrzeugs F_j am Ladestandort L_1 zum Zeitpunkt t	kW
$P_{\mathrm{ges,max,real}}$	Tatsächlich gleichzeitig auftretende Spitzenlast	kW
$P_{\mathrm{ges,max,theo}}$	Theoretisch mögliche auftretende Spitzenlast	kW
$\boldsymbol{P}_{L_1}$	Kumulierte Wirkleistungszeitreihe der Ladevorgänge aller n ankommenden Fahrzeuge am Ladestandort L_1	kW
P_{min}	Minimal notwendige Ladeleistung zur Deckung des Ladebedarfs	kW
P_{max}	Maximal verfügbare Ladeleistung je Ladepunkt	kW
R	Gesamtreichweite des Fahrzeugs	Km
$SOC_{t_{\mathrm{A}}}$	Realer Ankunfts-SOC	
$SOC_{t_{\mathrm{D}}}$	Realer Ziel-SOC	
$SOC_{t_{\mathrm{A}},soll}$	Soll-Ankunfts-SOC	
$SOC_{t_{\mathrm{D}},soll}$	Soll-Ziel-SOC	
t	Zeit	H
t_{A}	Ankunftszeitpunkt eines Fahrzeugs am Ladestandort	H
$\boldsymbol{T}_{\mathrm{E,I}}$	Teil I der elektrischen Fahrtenkettenmatrix	
$\boldsymbol{T}_{\mathrm{E,II}}$	Teil II der elektrischen Fahrtenkettenmatrix	

$\boldsymbol{T}_{\mathrm{K}}$	Konventionelle Fahrtenkettenmatrix	
t_{c1}	Ladestartzeitpunkt	H
t_{c2}	Ladeendzeitpunkt	H
Δt_{ci}	Theoretische Ladedauer	H
Δt_{cr}	Real umsetzbare Ladedauer	H
t_{D}	Abfahrtzeitpunkt eines Fahrzeugs vom Ladestand-ort	H
Δt_{d}	Dauer der Fahrt	H
Δt_{i}	Verweildauer eines Fahrzeugs am Ladestandort	H
V	Verkehrseinsatzart (Regional- oder Fernverkehr)	
W_{ci}	Theoretisch notwendige Ladeenergie	kWh
W_{cr}	Real bereitgestellte Ladeenergie	kWh
x	Anzahl der Ladestandorte	
$\boldsymbol{Z}_{\mathbf{B}}$	Ladebedarfmatrix	
$\boldsymbol{Z}_{\mathbf{L}}$	Ladestandortmatrix	
$\boldsymbol{Z}_{\mathbf{L,F}}$	Fahrzeugmatrix	
$\boldsymbol{Z}_{\mathbf{L,S}}$	Standortmatrix	
η	Ladewirkungsgrad	
p_{LIS}	Ladeinfrastruktur-Verfügbarkeit	

1 Einleitung

Im Rahmen dieser Arbeit wurde ein Verfahren entwickelt, welches es erlaubt, die Auswirkungen von E-Lkw auf das elektrische Energiesystem zu quantifizieren. In den folgenden Kapiteln wird die Motivation, das Thema, die wissenschaftliche These sowie die Struktur der Arbeit erläutert. Abschließend ist die Abgrenzung des entwickelten Ansatzes vom Stand der Wissenschaft zusammengefasst.

1.1 Motivation und Hintergrund

Die Versorgungssicherheit im deutschen Stromnetz liegt seit Jahren auf einem gleichbleibend hohen Niveau. So zeigt Abbildung 1-1 die durchschnittliche Strom-Unterbrechungsdauer pro Kundin oder Kunde in Deutschland basierend auf Daten aus [1]. Ohne Fälle höherer Gewalt lag diese in den letzten Jahren im Bereich von 12 Minuten pro Jahr. Dieses hohe Maß an Versorgungssicherheit resultiert aus einer langfristig vorausschauenden Stromnetzplanung und einem optimierten Netzbetrieb unter Berücksichtigung ausgeglichener Energiebilanzen durch Last- und Erzeugungsprognosen sowie der Nutzung von Flexibilitäten für Systemdienstleistungen.

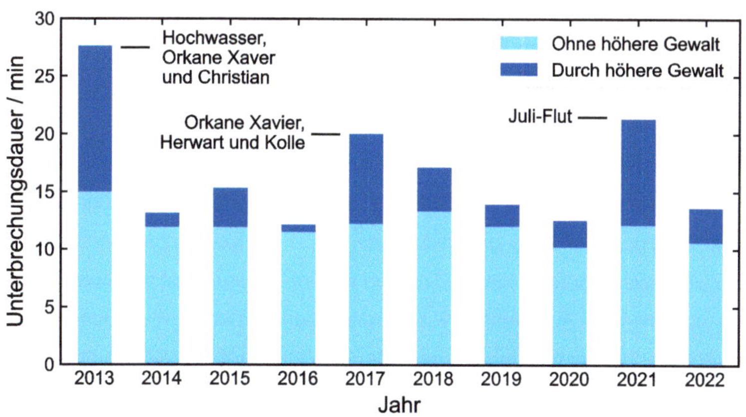

Abbildung 1-1: Durchschnittliche Strom-Unterbrechungsdauer je Kundin oder Kunde in Minuten. Daten aus [1].

Zunehmende Veränderungen in der Stromversorgung verursachen neue Herausforderungen im elektrischen Energiesystem. Diese müssen in der Energiesystemplanung und im -betrieb berücksichtigt werden, um auch in Zukunft eine gleichbleibend hohe Versorgungssicherheit gewährleisten zu können. Die Abschaltung konventioneller Kraftwerke und der Zubau erneuerbarer Energieanlagen im Zuge der Energiewende sorgt für eine Zunahme der Volatilität in der Erzeugung. Um mit dieser Volatilität umzugehen, bedarf es einer besseren Synchronisation der erneuerbaren Erzeugung mit dem Verbrauch. Gleichzeitig sinkt mit steigendem Anteil erneuerbarer Anlagen die Verfügbarkeit flexibel regelbarer konventioneller Anlagen. Darüber hinaus muss eine wachsende Zahl neuer Verbraucher, wie Wärmepumpen und Ladeinfrastruktur für E-Pkw, im Netz angeschlossen werden.

Gerade im Verkehrssektor – dem Sektor in Deutschland, der seine Emissionen im Vergleich zu 1990 mit lediglich -10,9 % bisher am wenigsten senken konnte [2] - reicht eine Elektrifizierung der Pkw jedoch nicht aus, um die Klimaziele zu erreichen. Auch im Straßengüterverkehr ist ein Voranbringen der Verkehrswende unabdingbar. So sind schwere Nutzfahrzeuge für knapp ein Drittel der deutschen Verkehrsemissionen verantwortlich [3]. Obwohl die Hersteller in den letzten Jahren die Emissionswerte der Einzelfahrzeuge reduzierten, stiegen die Treibhausgasemissionen des Straßengüterverkehrs durch eine gegenüber 1995 mehr als verdoppelte Verkehrsleistung [4] weiter an [5].

Im Klimaschutzprogramm 2030 der Bundesregierung ist daher festgelegt, dass ein Drittel der Fahrzeuge im schweren Güterverkehr bis 2030 elektrisch oder mit klimaneutralen strombasierten Kraftstoffen betrieben werden soll [3]. Von Seiten der EU-Kommission sind weitere Verschärfungen der Flottengrenzwerte für schwere Nutzfahrzeuge geplant. So sollen diese bis 2030 um 45 % und bis 2040 um 90 % gegenüber 2019 gesenkt werden [6]. Für Nutzfahrzeughersteller sind diese Grenzwerte entscheidende Treiber in ihrem Engagement für alternative Antriebstechnologien. Abbildung 1-2 zeigt die prognostizierte Entwicklung der Absatzzahlen schwerer Nutzfahrzeuge in Deutschland. Trotz unterschiedlicher Strategien der Hersteller stehen batterieelektrische E-Lkw aktuell im Vordergrund [7].

Um den zunehmenden Anteil batterieelektrischer Fahrzeuge in den Lkw-Flotten zuverlässig laden zu können, bedarf es parallel zum Fahrzeughochlauf einen

Hochlauf des Aufbaus an Ladeinfrastruktur für E-Lkw. Dieser sorgt für neue Herausforderungen im Energiesystem. Während die Stromnetzauswirkungen von E-Pkw-Ladeinfrastruktur bereits umfassend untersucht und erprobt wurden, fehlen den Netzbetreibern Ansätze, um auch das Laden von E-Lkw in Netzplanung und -betrieb integrieren zu können. Dies ist jedoch zwingend notwendig, damit das Stromnetz nicht den Ausbau der Ladeinfrastruktur für Nutzfahrzeuge hemmt.

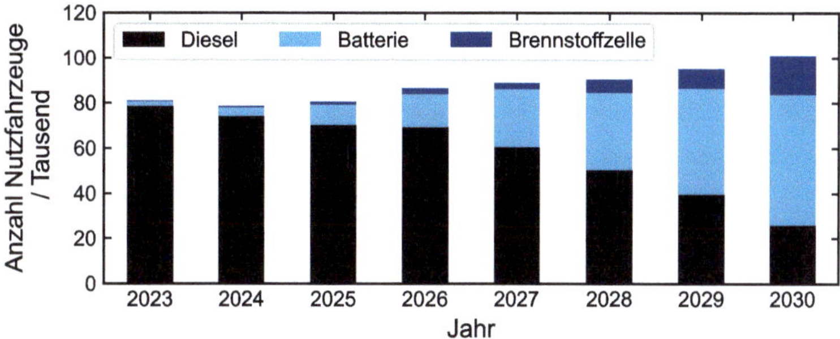

Abbildung 1-2: Prognostizierte Absatzzahlen schwerer Nutzfahrzeuge in Deutschland laut Herstellerangaben von 2022. Daten aus [7][1].

1.2 Thema und Zielsetzung

Ziel dieser Arbeit ist daher die Entwicklung eines Verfahrens, welches die Einbindung von E-Lkw-Laden in die Netz- und Energiesystemplanung erlaubt. Damit sollen die Auswirkungen von E-Lkw auf das elektrische Energiesystem analysiert werden.

Dies beinhaltet folgende Unterpunkte:

- Entwicklung von Modellen zur zeitreihenbasierten Quantifizierung und Regionalisierung des Ladebedarfs von E-Lkw,
- Integration der Modelle in die Netz- und Energiesystemplanung,

[1] Für das Jahr 2023 wurde in [7] ein Absatz von 2000 schweren batterielektrischen Nutzfahrzeugen über 12 t prognostiziert. Laut [8] wurden 2023 in Deutschland 1.560 batterielektrische Lkw zwischen 3,5 t und 16 t sowie 609 batterieelektrische Lkw über 16 t neu zugelassen. Eine Aktualisierung der Prognosen aus [7] ist noch 2024 geplant, war aber zum Zeitpunkt des Verfassens dieser Arbeit noch nicht verfügbar.

- Analyse des fahrzeug- und standortabhängigen Ladebedarfs von E-Lkw sowie dessen Flexibilitätspotentials,
- Untersuchung von Netzauswirkungen des E-Lkw-Ladens anhand realer Fallstudien,
- Ableitung allgemeiner Planungsgrundsätze zur Berücksichtigung von E-Lkw in der Netz- und Energiesystemplanung.

Damit liefert diese Dissertation Netz-, Logistik- und Infrastrukturbetreibern grundlegende Kennwerte und Planungsansätze zum standortabhängigen zukünftigen Energie- und Leistungsbedarf durch E-Lkw-Laden sowie dessen Anforderungen an die zukünftige Infrastruktur.

1.3 Wissenschaftliche These

Die Elektrifizierung des Straßengüterverkehrs wird zu neuen Herausforderungen für die Energiesystemplanung führen. Den zuständigen Netz- und Energiesystemplanerinnen und -planern fehlen jedoch Annahmen und Methoden, mit welchen sie das Stromnetz auf die Anforderungen von Ladeprozessen aus dem Straßengüterverkehr vorbereiten können. Auch ist unbekannt, inwieweit Flexibilitätspotentiale von ladenden E-Lkw zur Deckung des zukünftigen Flexibilitätsbedarfs im Energiesystem und somit auch zur Systemstabilität beitragen.

Es stellt sich die Frage, wie das Laden der E-Lkw modelliert werden kann und zu welchen Auswirkungen es im Energiesystem führt. Daraus wird folgende wissenschaftliche These abgeleitet:

Die Auswirkungen ladender E-Lkw auf das elektrische Energiesystem lassen sich bereits heute anhand zeitreihenbasierter Modelle realitätsnah quantifizieren und in die Planungs- und Betriebsprozesse integrieren, was eine zukunftssichere Auslegung des Stromnetzes erlaubt.

Um diese These zu überprüfen, werden zwei auf realen Daten basierende Ansätze zur E-Lkw-Ladeprofilgeneration gegenübergestellt, die im Rahmen dieser Arbeit entwickelt wurden. Anschließend wird anhand realer Fallstudien untersucht, inwieweit sich diese Ansätze in bestehende Planungsprozesse integrieren lassen und wie daraus allgemeine Kenngrößen für die Infrastrukturplanung abgeleitet werden können.

1.4 Struktur der Arbeit

Der Hauptteil dieser Arbeit ist in fünf Kapitel untergliedert. Abbildung 1-3 zeigt die Struktur der Arbeit und die Zusammenhänge zwischen den Kapiteln.

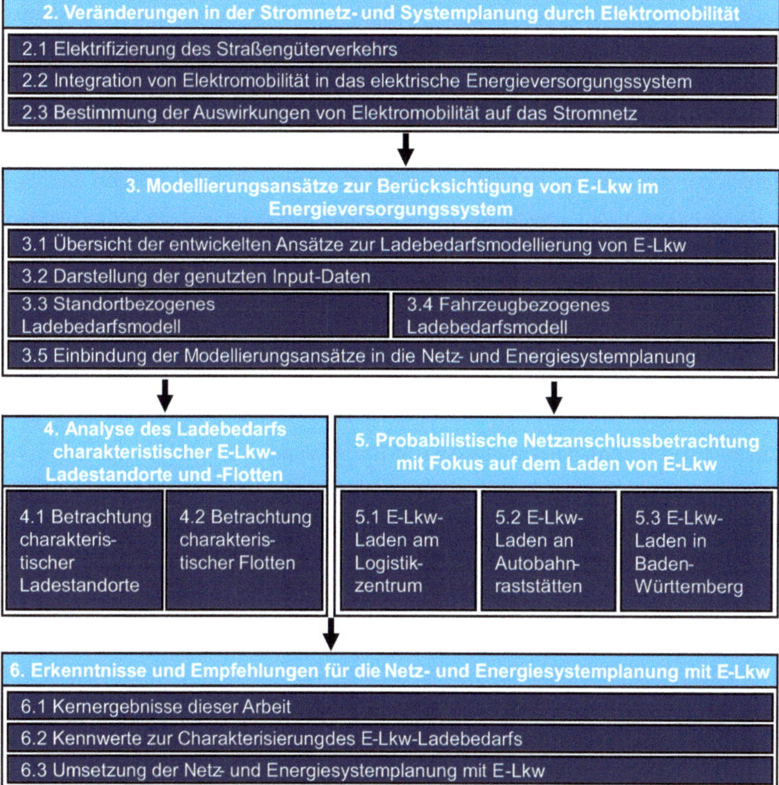

Abbildung 1-3: Übersicht über Struktur der Arbeit und Beziehungen zwischen den Kapiteln.

Zur Beurteilung der Auswirkungen von E-Lkw auf das elektrische Energieversorgungssystem ist ein Verständnis der dahinter liegenden Prozesse – sowohl aus Stromnetz- als auch aus Logistikperspektive – notwendig. In Kapitel 2 sind daher nicht nur die Grundlagen zur Integration von Elektromobilität in das Energieversorgungssystem und zur Untersuchung der Netzauswirkungen dieser Integration zusammengestellt. Ein weiterer Fokus liegt auf den Wechselwirkungen zwischen der Elektrifizierung des Straßengüterverkehrs und den logistischen Prozessen.

Im Anschluss daran werden in Kapitel 3 die beiden im Rahmen dieser Arbeit entwickelten Modellierungsansätze zur Berücksichtigung von E-Lkw im Energieversorgungssystem vorgestellt: der standortbezogene und der fahrzeugbezogene Ansatz. Dies beinhaltet zunächst eine erste Gegenüberstellung der Ansätze sowie die Vorstellung der genutzten Eingangsdaten, ehe näher auf die Funktionsweise der beiden Ladebedarfsmodellierungsansätze eingegangen wird. Anschließend wird thematisiert, wie die Ansätze in die Netz- und Energiesystemplanung integriert werden können.

Mithilfe der Ansätze aus Kapitel 3 kann einerseits der charakteristische Ladebedarf typischer E-Lkw-Ladestandorte und -Flotten bestimmt und analysiert werden (thematisiert in Kapitel 4). Andererseits können die Ansätze für reale Netzanschlussbetrachtungen genutzt werden. Im Rahmen von Kapitel 5 wird dies an drei realen Fallstudien demonstriert. Dabei wird die Bedeutung des E-Lkw-Ladens für ein reales Logistikzentrum, zwei reale Autobahnraststätten sowie das Energiesystem in Baden-Württemberg untersucht. Basierend auf den Erkenntnissen aus Kapitel 4 und 5 werden Erkenntnisse und Empfehlungen für die Netzplanung zum zukünftigen Umgang mit dem E-Lkw-Ladebedarf abgeleitet. Diese sind in Kapitel 6 zusammengestellt.

1.5 Abgrenzung des entwickelten Ansatzes

Im Vergleich zur Elektrifizierung von Pkw sind die Auswirkungen von E-Lkw auf das elektrische Energieversorgungssystem in der Vergangenheit noch wenig untersucht worden, ausgewählte Aspekte wurden dennoch bereits thematisiert. Im Rahmen dieses Unterkapitels werden die Inhalte der vorliegenden Arbeit vom Stand der Wissenschaft abgegrenzt. Tabelle 1-1 zeigt einen Vergleich der in dieser Arbeit betrachteten Aspekte mit der Literatur. Dabei wird hinsichtlich der Untersuchungsgegenstände Fahrzeugklasse, Fahrzeugeinsatz, Ladestandort, Ladeleistung sowie Netz- und Energiesystemplanung unterschieden. In Blau sind die Inhalte dieser Arbeit dargestellt. In Weiß, Grau und Schwarz wurde bewertet, inwieweit diese Themen auch in verwandten Studien behandelt wurden.

Folgende Forschungslücken können dabei zusammenfassend identifiziert werden:

- Eine umfassende Betrachtung des Ladebedarfs des gesamten Straßengüterverkehrs ist in der Literatur nicht vorhanden, stattdessen werden einzelne Fahrzeugklassen und Fahrzeugeinsätze betrachtet. Auch die Zahl der untersuchten Ladeleistungen und -szenarien ist oft unvollständig. So lässt sich schwer ableiten, welche Ladeleistungen in welchen Fällen tatsächlich benötigt werden und welche Lademanagementpotentiale allgemein übertragbar sind. Dies hat großen Einfluss auf die entstehenden Spitzenlasten.
- Es werden entweder einzelne spezielle Ladestandorte oder das überregionale Verkehrs- und Ladeverhalten der Fahrzeuge betrachtet, dabei fehlt die Möglichkeit einer übertragbaren Ladebedarfsmodellierung abhängig von den Standorteigenschaften (Typ, Parkplatzzahl, Fläche). Dies betrifft insbesondere das Laden an Logistikzentren. Die Diversität von Logistikzentren hinsichtlich ihrer Funktion im Logistikprozess (unterschiedliche Betriebszeiten und Fahrzeugflotten) wird in der Literatur nicht abgebildet.
- Ein Großteil der Forschung modelliert zwar den Ladebedarf der E-Lkw, teilweise auch zeitreihenbasiert, die Auswirkungen auf das Stromnetz werden jedoch oft oberflächlich betrachtet. Es fehlt sowohl an realen Netzstudien und einer Betrachtung von Flexibilitätspotentialen als auch an einer Vorgabe von Netzplanungsgrundsätzen.

Die Entwicklung von übertragbaren Modellen zur zeitreihenbasierten Quantifizierung und Regionalisierung des Ladebedarfs von E-Lkw sowie deren Integration in die Netz- und Energiesystemplanung in dieser Arbeit stellt eine umfassende Ergänzung zum bestehenden Stand der Wissenschaft dar. Dabei sorgen die Betrachtung der Netzauswirkungen des E-Lkw anhand realer Fallstudien und die Ableitung von allgemeinen Planungsansätzen für eine besondere Praxisrelevanz. Grundlage für diese Dissertation waren unter anderem die Forschungsprojekte FELSeN (Flexible Energieversorgung von Logistikzentren zur Erbringung von Systemdienstleistungen in elektrischen Netzen [9–11]) und TruckConnect [12]. Die darin gekoppelte Betrachtung von Energieversorgungs- und Logistiksystem bieten dabei einen signifikanten Mehrwert für den Realitätsbezug dieser Arbeit.

Tabelle 1-1: *Vergleich der Untersuchungsgegenstände dieser Arbeit mit verwandten Forschungsprojekten und Studien.*

Untersuchungsgegenstände der Forschungsprojekte und Studien

- ▦ Inhalt in eigener Arbeit betrachtet
- ■ Inhalt in Studie betrachtet
- ▒ Inhalt in Studie teilweise betrachtet
- □ Inhalt in Studie nicht betrachtet

		Eigene Arbeit	Burges [13]	Borlaug [14]	El Helou [15]	StratES[16]	Barthel [17]	komDRIVE [18]	Plota [19]	Buck [20]	Vertgewall [21]	NOW [22]	NEP [23]
Fahrzeugklasse	Pkw	▦					■	■	■		■	■	■
	Lkw / Lieferwagen < 3,5 t	▦					■	■	■	■	■		■
	Lkw ≥ 3,5 t	▦	■	■	■	■			▒	▒	▒	■	■
Fahrzeugeinsatz	Stadtbelieferung	▦				▒		■	▒	■			
	Nah-/Regionalverkehr	▦	▒	■		▒			▒				
	Fernverkehr	▦	■			▒						■	
Ladestandort	Innenstadt	▦						▒		■			
	Logistikzentren	▦		■		■	▒			■	■		
	Ladehub Industrie-/Gewerbegebiet	▦	▒		▒	■		▒					
	Ladehub Autobahn	▦	■		▒	■						■	
Ladeleistung	AC-Laden	▦		■			■	■	■	■	■		▒
	DC-Schnellladen < 1000 kW	▦	■	■	■	■			▒	■		■	▒
	DC-MW-Laden ≥ 1000 kW	▦	■			■						■	
Netz- und Energiesystemplanung	Netzanschlussauslegung	▦	■	■		■						■	
	Netzauswirkungen	▦		■				▒		▒			▒
	Reale Netzmodelle	▦		▒	■					▒			▒
	Lademanagement	▦	■					■					▒
	Flexibilitätspotentialanalyse	▦					■						
	Netzplanungsgrundsätze	▦	▒									▒	

Im Folgenden werden die thematisch verwandten Studien und Forschungsprojekte kurz vorgestellt. Dabei wird hauptsächlich auf den Studieninhalt und die Abgrenzung von dieser Arbeit eingegangen. Die vorhandenen Modellierungsansätze und Ergebnisse bezüglich der Berücksichtigung von E-Lkw aus der Literatur sind im Grundlagenteil in Kapitel 2.3.3 zusammengefasst.

Einige Studien, wie [13], [14], [15], [16], konzentrieren sich hauptsächlich auf die Modellierung des Ladebedarfs schwerer E-Lkw. So wurden in [13] die Herausforderungen von Schnell- und Megawattladeinfrastruktur für schwere E-Lkw im Fernverkehr analysiert. Für drei Prototypen von Ladestandorten (an Autobahnen und in Logistikgebieten) wurde der Bedarf an Ladeinfrastruktur, Netzanschluss, Investitionen sowie das Lademanagement- und Speichereinsatzpotential quantifiziert. Im Vergleich zu dieser Arbeit lag der Fokus weniger auf übertragbaren zeitreihen- oder gleichzeitigkeitsbasierten Modellierungsansätzen für den E-Lkw-Ladebedarf, sondern ausschließlich auf konkreten Anschlussleistungsbedarfen der Standorte. Durch die fehlende Differenzierung von Logistikzentrumstypen sind die

Ergebnisse nur bedingt übertragbar. Die Betrachtung der Netzauswirkungen geht nicht über die Bestimmung der Anschlussleistung hinaus. Es werden keine realen Netzdaten und Wechselwirkungen mit der bestehenden Verbraucherlast sowie E-Pkw betrachtet. Die Berücksichtigung der Flexibilität beschränkt sich auf die Senkung der Spitzenlast des Nachtladens, eine Quantifizierung der Flexibilitäten erfolgte jedoch nicht.

In [14] wurde der Ladebedarf von schweren E-Lkw an Depots im Nahverkehr modelliert und die Auswirkungen auf 36 reale Umspannwerke (UWs) aus Texas betrachtet. Zudem wurden die Ursachen, Kosten und Zeitaufwände für Netzausbau aufgrund von Depotladen zusammengefasst. Im Vergleich zu dieser Arbeit betrachtet [14] das Laden der Fahrzeuge lediglich an drei unterschiedlichen, nicht abstrahierten Depots. Dabei wird auf die Varianz der unterschiedlichen Depotarten hingewiesen, es werden jedoch keine übertragbaren Ansätze vorgestellt. Mit der Untersuchung der Auswirkungen auf reale UWs geht die Betrachtung der Stromnetzplanung über andere Studien hinaus. Allerdings werden daraus keine Netzplanungsgrundsätze entwickelt. Ebenfalls finden Flexibilitätspotentiale und deren Nutzung sowie die Integration von erneuerbarem Ladestrom keine Berücksichtigung. Das Laden im Fernverkehr wird ebenso nicht thematisiert.

Auch in [15] lag der Fokus auf schweren E-Lkw in Texas. Dabei wurden die Auswirkungen schwerer E-Lkw über 26 t auf die Stromnetzinfrastruktur untersucht. Der Fokus der Netzanalysen lag auf einem synthetischen Übertragungsnetz und realen Verteilnetzen und betrachtete die Einhaltung des Spannungsbands innerhalb eines zweiwöchigen Zeitraums im Sommer. Es wurden keine Flexibilitätspotentiale, Netzplanungsgrundsätze oder bidirektionales Laden untersucht.

Im Rahmen des Forschungsprojekts StratES [16] wurden die Auswirkungen unterschiedlicher Technologieoptionen auf Energie-, Infrastrukturbedarf und Wirtschaftlichkeit bei der Elektrifizierung des Straßengüterverkehrs in Deutschland untersucht. Dabei lag der Fokus auf Lkw über 3,5 t und einem Vergleich von batterieelektrischen, Brennstoffzellen- und Oberleitungs-Lkw. Die Stromnachfrage wurde für das gesamte Bundesgebiet regionalisiert. Energiesystemrelevante Aspekte wurden jedoch nur hinsichtlich des Energiebedarfs je Ladestandort und der Gesamtleistung der Ladeinfrastruktur je Standort betrachtet. Es erfolgten keine zeitreihenbasierten Analysen, Netzsimulationen oder Flexibilitätsbetrachtungen, ebenso wenig wie die Entwicklung von Netzplanungsgrundsätzen.

In [17], [18], [19] lag der Fokus wiederum auf leichten Fahrzeugen wie E-Pkw und E-Lkw unter 3,5 t, meist im Stadt- oder Nahverkehr. Da die Fahrtstrecken und Batteriekapazitäten dieser Fahrzeuge geringer sind als die schwerer Lkw, wurde hauptsächlich Wechselstrom-Laden (AC-Laden) betrachtet. Auch lag ein Fokus auf der Betrachtung von Flexibilitätspotentialen und der Integration erneuerbarer Energien in die Ladeprozesse. So befasst sich [17] mit dem Flexibilitätspotential realer E-Fahrzeugflotten und dessen Ermittlung basierend auf Messdaten von Ladevorgängen, darunter auch die einer Logistikflotte. Dabei wird zwar das Flexibilitätspotential dieser Fahrzeuge mit geringem Fahrzeugumfang und geringen Ladeleistungen näher untersucht. Die Bedeutung für die Netzplanung wurde aber nicht thematisiert.

Im Projekt komDRIVE [18] wurde der Einsatz von Wirtschaftsverkehrsflotten im Stadtverkehr zur Erbringung von Systemdienstleistungen untersucht. Der Fokus lag dabei auf Lieferwagen und Pkw auf Fahrzeugen unter 3,5 t. Es wurden keine Netzplanungsansätze entwickelt. Die Untersuchung der Netzauswirkungen beschränkte sich auf CIGRE Niederspannungs-Referenznetze und einer Grenzkurvenanalyse mit zufälliger Platzierung der Fahrzeuge im Netz. Es erfolgte keine Analyse typischer Ladestandorte, an denen kumulierte Bedarfe auftreten könnten [18].

Im Rahmen von [19] wird eine Methodik vorgestellt, mithilfe derer der Ladebedarf leichter gewerblicher Fahrzeuge in Deutschland zeitreihenbasiert quantifiziert werden kann. Anschließend wird dessen Deckung aus erneuerbarer Erzeugung und die wirtschaftlichen Potentiale eines Lademanagements untersucht. Aus Systemsicht werden die kumulierten Ergebnisse des Ladelastgangs für Deutschland untersucht, eine Betrachtung der Netzintegration und die Entwicklung von Netzplanungsansätzen erfolgt jedoch nicht.

Auch [20] und [21] fokussieren sich auf den Ladebedarf leichter E-Lkw. Der Ladebedarf einer elektrischen Stadtbelieferung wird in [20] am Beispiel von Amsterdam quantifiziert. Dabei werden Netzauswirkungen lediglich über eine Steigerung der Spitzenlast an den städtischen Umspannwerken beziffert. Mit der Modellierung von Ladeprofilen leichter elektrischer Nutzfahrzeuge für die Netzplanung beschäftigt sich [21]. Dabei wird der Ladebedarf basierend auf Fahrtenketten ähnlich zu [19] quantifiziert, es erfolgen jedoch weder Betrachtungen von Netzanschluss, Netzauswirkungen, Flexibilitätspotentialen noch von schweren Lkw.

Anlehnend an die Modellierung aus [13] werden in [22] die Anforderungen an das Stromnetz bei der Integration von E-Lkw- und E-Pkw-Laden an Autobahnraststätten betrachtet. Demnach ist [22] eine der wenigen Studien, die das Laden von schweren E-Lkw und E-Pkw kombiniert berücksichtigt. Der Fokus liegt dabei auf drei Prototypen von Lade-Hubs an Autobahnen und die Auslegung von deren Netzanschlussleistungen und Netzanschlusskonzepten. Auch wird eine Reduktion der Ladeleistung in einem Lademanagement sowie der Einsatz eines batterieelektrischen Pufferspeichers untersucht. Eine Übertragung der Prototypen auf allgemeine Netzplanungsansätze erfolgt jedoch genauso wenig wie die Betrachtung realer Netzmodelle oder Flexibilitätspotentiale.

Auch im Rahmen des Netzentwicklungsplans wird eine Elektrifizierung gewerblich genutzter Fahrzeuge betrachtet [23], [24]. Die Modellierung und Regionalisierung des Ladbedarfs wird dazu in [25] beschrieben. Während leichte gewerbliche Fahrzeuge auf Basis deutscher Mobilitätsdaten konventioneller Fahrzeuge batterieelektrisch modelliert werden, geht [25] für die Elektrifizierung von schweren Lkw von Oberleitungs-Hybrid-Lkw aus und ermittelt deren Ladebedarf basierend auf Autobahnzählstellen. Dieses Szenario erscheint jedoch zum heutigen Zeitpunkt unrealistisch. Dadurch liegt zudem ein anderes Ladeverhalten und Flexibilitätspotentiale als beim kabelgebundenen Laden während der Haltevorgänge in dieser Arbeit vor. Auch die Regionalisierung basierend auf Beschäftigtenzahlen auf Gemeindeebene mag für die Planung des Übertragungsnetzes ausreichen, ist für detaillierte Netzbetrachtungen im Verteilnetz jedoch unzureichend.

Die Analyse der Literatur zeigt, dass im Bereich der Auswirkungen von E-Lkw auf das elektrische Energiesystem noch ein hohes Forschungspotential liegt. Bestehende Analysen fokussieren sich auf einzelne ausgewählte Aspekte. Mit der Entwicklung eines allgemeinen Verfahrens, welches die Einbindung von E-Lkw-Laden in die Netz- und Energiesystemplanung erlaubt, sowie der Analyse der Auswirkungen von E-Lkw auf das elektrische Energiesystem, bietet diese Dissertation demnach eine umfassende Erweiterung der bestehenden Untersuchungen. Im

Folgenden wird zunächst auf die theoretischen Grundlagen für diese Arbeit eingegangen, ehe die entwickelten Ansätze vorgestellt und angewandt werden.

2 Veränderungen in der Stromnetz- und Systemplanung durch Elektromobilität

Die Auswirkungen einer Elektrifizierung des Straßengüterverkehrs auf das elektrische Energiesystem können nur unter Kenntnis der dahinterliegenden logistischen Prozesse einerseits und der aktuellen Entwicklungen im Energiesystem andererseits bewertet werden. Im Rahmen des Kapitels 2.1 werden daher zunächst die Transportprozesse im deutschen Straßengüterverkehr vorgestellt ehe auf eine mögliche Elektrifizierung dieser Prozesse eingegangen wird. Anschließend wird in 2.2 dargestellt, wie die Integration der Elektromobilität in den aktuell stattfindenden Wandel der Energieversorgung einzuordnen ist. Der methodische Ablauf der Stromnetzplanung unter Berücksichtigung von Elektromobilität und der Stand der Wissenschaft zur Netzintegration von E-Lkw sind Gegenstand von Kapitel 2.3.

2.1 Elektrifizierung des Straßengüterverkehrs

Im Rahmen dieses Kapitels wird ein Überblick über den deutschen Straßengüterverkehr sowie dessen Elektrifizierung gegeben. Dazu wird zunächst vorgestellt, wie typische Transportprozesse in der Logistik aussehen, ehe auf die dabei zurückgelegten Strecken und eingesetzten Fahrzeuge eingegangen wird. Anschließend wird betrachtet, welche E-Lkw Modelle zum Einsatz im Straßengüterverkehr bereits auf dem Markt sind und wo diese potentiell geladen werden können.

2.1.1 Straßengüterverkehr in Deutschland

Um eine Elektrifizierung des Straßengüterverkehrs in Deutschland realitätsnah untersuchen zu können, ist die Kenntnis der dahinterliegenden logistischen Prozesse unumgänglich. Die Logistik umfasst dabei die Planung, Steuerung, Abwicklung, Kontrolle und Optimierung von Waren- und Materialströmen sowie den zugehörigen Informationsflüssen [26]. Zu ihren Grundfunktionen zählen Transport, Umschlag, Lagerhaltung und Kommissionierung [27]. Klassischerweise unterscheidet man in der Logistik-Prozesskette vier Teilsysteme: die Beschaffungs-, Produktions- , Distributions- und Entsorgungslogistik [28].

Die Abwicklung der Waren- und Materialtransporte erfolgt über verschiedene Arten von Transportnetzen. In Abbildung 2-1 sind diese Netze differenziert nach Zuliefer-, Speditions- und Distributionsnetzen schematisch dargestellt. Die Zuliefernetze symbolisieren dabei die Belieferung eines Herstellers mit Material, die Distributionsnetze die Verteilung der hergestellten Konsumgüter. Mithilfe der Speditionsnetze kann ein größerer Bedienungsraum abgedeckt und weit entfernte Depots in nächtlichen Linienverkehren direkt oder über Hubs verbunden werden. Ein Hub bezeichnet dabei eine Hauptumschlagsbasis in der Logistikkette, an der Sendungen gesammelt, sortiert und abhängig von ihrer Zielregion umgeladen werden [29]. Je nach Produkt und Betrachtungsregion können die Transportketten über unterschiedliche Anzahlen an Zwischenstufen verfügen [26].

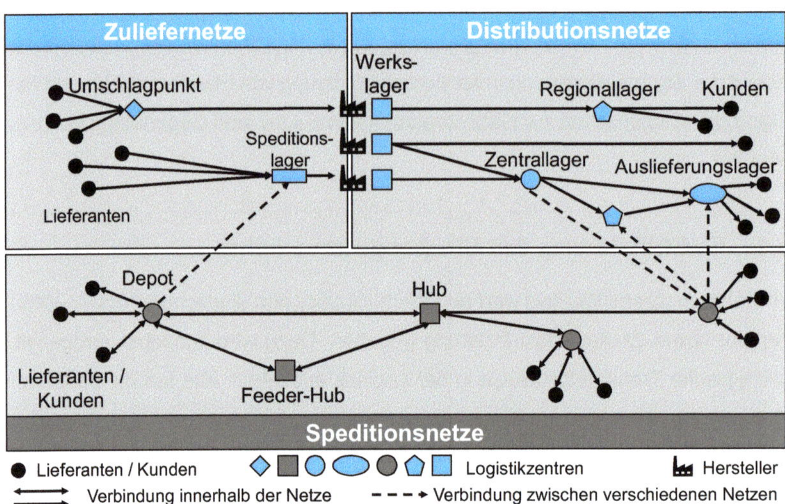

Abbildung 2-1: Schematische Darstellung der Netze in der Transportlogistik. Eigene Darstellung nach [28].

Die Grundfunktionen Umschlag, Lagerhaltung und Kommissionierung finden klassischerweise an den Knotenpunkten (Logistikzentren) der Transportnetze statt. Je nach Art des Transportnetzes und Position in der Transportkette verfügen die Logistikzentren über unterschiedliche und oft auch kombinierte Funktionen. Die unterschiedlichen Funktionen führen zu unterschiedlichen Nutzungs- und Verkehrskennwerten, d.h. beispielsweise Mitarbeiterzahlen, Hallenflächen, ankommende Lkw-Zahlen und -Typen sowie Öffnungszeiten. Bei der Betrachtung einer

Elektrifizierung der Lkw sind gerade diese Kennwerte relevant. Die Diversität in der Logistikbranche macht es jedoch schwer, die Logistikzentren eindeutig festen Typen zuzuordnen. In [28] wurde ein Ansatz mit acht verschiedenen Typen von Logistikzentren und deren Untergliederung in mehrere Sub-Typen gewählt. Eine Zusammenfassung dieser Typen, ihrer Funktionen sowie Kennwerte erfolgt im Anhang B. Die in dieser Arbeit tatsächlich verwendeten Logistikzentrumstypen sind darüber hinaus im Modellierungskapitel 3.2.5 vorgestellt.

Transport als Grundfunktion der Logistik und damit der Güterverkehr [27] wird in den Transportnetzen über die Verbindungen zwischen den Knotenpunkten dargestellt. Der Güterverkehr umfasst den Transport von Gütern zwischen verschiedenen Orten über Straße, Schiene, Wasser, Luft und Rohrfernleitungen. Der Straßengüterverkehr ist dabei in Deutschland dominierend und wird in dieser Arbeit näher betrachtet. So entfiel 2021 mit einer Beförderungsmenge von 3,7 Mrd. Tonnen 85 % des Güterverkehrsaufkommens in Deutschland auf den Straßenverkehr [4]. Auch hinsichtlich der Verkehrsleistung machte der Straßengüterverkehr mit 505,7 Mrd. Tonnenkilometer 2021 (entspricht 72 % der Verkehrsleistung) den größten Anteil aus und stieg gleichzeitig um 81 % im Vergleich zu 1995 [5]. In der Verkehrsverflechtungsprognose 2030 werden weitere Steigerungen der Verkehrsleistung im deutschen Straßengüterverkehr auf bis zu 607,4 Mrd. Tonnenkilometer prognostiziert [30].

Der Gütertransport im Straßenverkehr erfolgt mit Fahrzeugen zur Güterbeförderung. Diese lassen sich anhand ihres zulässigen Gesamtgewichts sowie ihres Aufbaus in unterschiedliche Größenklassen einteilen. Im Bereich der Nutzfahrzeuge unterscheidet die Europäische Union zwischen den EG-Fahrzeugklassen N1 (zulässiges Gesamtgewicht bis zu 3,5 t), N2 (zulässiges Gesamtgewicht über 3,5 t bis zu 12 t) und N3 (zulässiges Gesamtgewicht über 12 t) [31]. Diese Fahrzeuge können wiederum unterschiedliche Aufbauarten haben, beispielsweise als Lkw, Van oder Sattelzugmaschine ausgeführt sein. In Statistiken des deutschen Straßengüterverkehrs, wie in [32], wird dagegen oft zwischen den Klassen Lkw (mit unterschiedlichen zulässigen Gesamtgewichten) sowie Sattelzugmaschinen als Unterkategorie der Klasse Zugmaschinen unterschieden. Diese uneinheitliche Kategorisierung in verfügbaren Statistikprodukten erschwert teilweise einen Vergleich von Kennwerten aus unterschiedlichen Statistiken.

Im Jahr 2022 betrug der Bestand von Lkw und Sattelzügen in Deutschland rund 3,8 Mio. Fahrzeuge [33]. Abbildung 2-2 zeigt die Anteile der verschiedenen Größenklassen am Bestand sowie deren durchschnittliche Jahres- und Tagesfahrleistungen. Hinsichtlich des Bestands wird ersichtlich, dass die leichteste Gewichtsklasse unter 3,5 t hier mit 79,7 % deutlich dominiert. Bei den Jahres- und Tagesfahrleistungen entfallen dagegen die mit Abstand höchsten Werte auf die schwerste Gewichtsklasse der Sattelzüge. Bemerkenswert ist, dass bei Betrachtung der Last- und Leerfahrten von Lkw über 6 t der Ausnutzungsgrad der Fahrzeuge nur 34,6 % betrug [34]. Eine tiefgehende Analyse des Fahrverhaltens der Lkw hinsichtlich Zeitaspekten und Einzelfahrtenlängen erfolgt in 3.2.4.

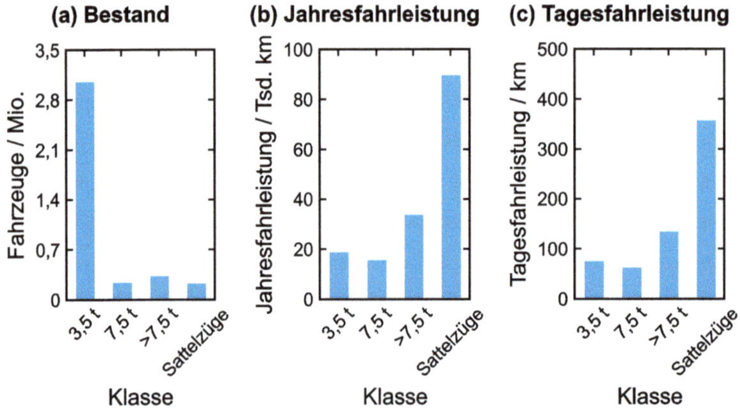

Abbildung 2-2: Anzahl an Fahrzeugen je Lkw-Klasse, durchschnittliche Jahresfahrleistung je Fahrzeug und daraus abgeleitete Tagesfahrleistung je Fahrzeug in Deutschland 2022. [2]

Für das Fahren von Lkw über 3,5 t gibt es gesetzliche Vorgaben. Diese sind in Deutschland im Arbeitszeitgesetz (ArbZG) und im Gesetz zur Regelung der Arbeitszeit von selbstständigen Kraftfahrern (KrFArbZG) festgelegt [35]. Darüber hinaus gelten EU-weit weitere Vorschriften zu den Arbeitszeiten von Personen im

---

[2] Datenquelle: Kraftfahrt-Bundesamt, Verkehr in Kilometern, 28. Juli 2023; Datenlizenz by-2-0; eigene Darstellung sowie eigene Berechnung der Tagesfahrleistung an Arbeitstagen. Da die Daten des Kraftfahrt-Bundesamts kumuliert für den Gesamtbestand vorliegen, sind hier nur Mittelwerte darstellbar. Eine genauere Analyse der Fahrleistungen basierend auf weiteren Mobilitätsdaten von Lkw erfolgt in 3.2.4.

Straßentransport (Richtlinie 2002/15/EG [36] und Verordnung (EG) 561/2006 [37]). So gibt es vorgeschriebene Lenk- und Ruhezeiten für Kraftfahrerinnen und -fahrer. Nach diesen muss spätestens nach 4,5 Stunden Lenkzeit eine Pause eingelegt werden. Bei 9 Stunden maximal erlaubter täglicher Lenkzeit sind 45 Minuten Pause vorgeschrieben. Die Pause darf in 15-Minuten-Zeitabschnitte unterteilt werden. Die maximale tägliche Lenkzeit kann zweimal wöchentlich auf 10 Stunden erweitert werden. Wöchentlich sind im Durchschnitt maximal 48 Stunden erlaubt. Darüber hinaus müssen regelmäßige tägliche Ruhezeiten von 11 Stunden eingehalten werden. Nicht nur für die Lenk- und Ruhezeiten der Fahrzeuge gelten Vorschriften, auch existiert in Deutschland ein Sonn- und Feiertagsfahrverbot für Lkw über 7,5 t [31] sowie ein Ferienreisefahrverbot vom 1. Juli bis 31. August an Samstagen zwischen 7 und 20 Uhr auf ausgewählten Autobahnen und Bundesstraßen [38].

2.1.2 Einsatz von E-Lkw im Straßengüterverkehr

Der Einsatz von E-Lkw im Straßengüterverkehr und dessen Auswirkungen auf die logistischen Prozesse wurde bereits in einigen Forschungsprojekten und Studien untersucht. So werden E-Lkw im Projekt „GeNaLog“ für eine geräuscharme Nachtlogistik in Städten zur Lärm, Verkehrs- und Schadstoffreduktion genutzt [39]. In [40] wurde die Elektrifizierung des Schwerlastverkehrs im urbanen Raum untersucht. Bereits zum Zeitpunkt der Studie 2014 wurden große Teile des Verkehrs als mit vorhandener Technik elektrisch betreibbar eingeordnet. Darüber hinaus wurde im Projekt „My eRoads“ die Wirtschaftlichkeit schwerer Nutzfahrzeuge untersucht. Demnach wird für 2025 eine Wirtschaftlichkeit von E-Lkw für ein Drittel der mit diesen Fahrzeugen zurückgelegten Fahrleistung prognostiziert, sowie für 44 % im Jahr 2030 [41]. Für die Logistikbetreiber ist dabei stets relevant, dass die durch eine Elektrifizierung der Fahrzeuge notwendig werdenden Ladepausen die logistischen Prozesse möglichst wenig verzögern [9].

Zum Zeitpunkt des Verfassens dieser Arbeit existieren bereits einige E-Lkw-Modelle auf dem deutschen Fahrzeug-Markt. Abbildung 2-3 zeigt die Ergebnisse der Herstellerangaben einer im Rahmen dieser Dissertation durchgeführten Marktanalyse. Darin konnten 60 batterieelektrische E-Lkw-Modelle verschiedener Größenklassen identifiziert werden. Um eine einheitlich Einteilung der Lkw in die Größenklassen im Rahmen dieser Arbeit zu gewährleisten, berücksichtigt diese im

Folgenden nur noch das zulässige Gesamtgewicht. Die Aufbauart wird nicht weiter betrachtet.

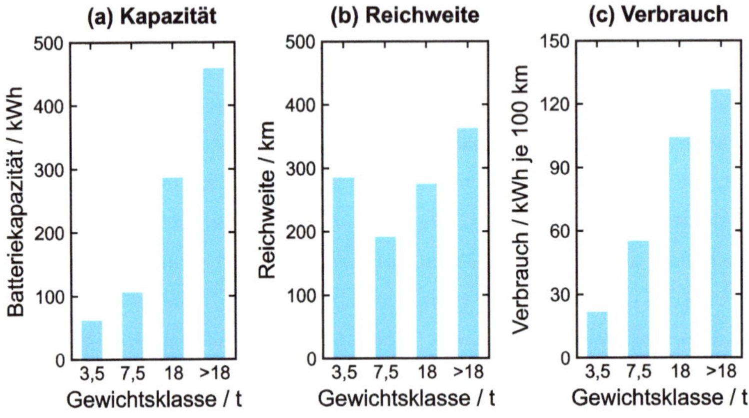

Abbildung 2-3: Übersicht der Mittelwerte von Batteriekapazität, Reichweite und Verbrauch 60 realer E-Lkw Modelle basierend auf den Herstellerangaben.

Die mittleren Batteriekapazitäten der Fahrzeuge bewegen sich zwischen 62 kWh für leichte Lkw unter 3,5 t und 458 kWh für schwere Lkw über 18 t. Analog zu den Verbräuchen steigen sie mit Zunahme der Gewichtsklasse an. Die Fahrzeugreichweiten bewegen sich zwischen 191 km für 7,5 t-Lkw und 362 km für die schwerste Gewichtsklasse. Dabei werden von deutschen Fahrzeugherstellern Steigerungen der Reichweite auf bis zu 1000 km für 2030 prognostiziert [7]. Im Vergleich der durchschnittlichen Tagesfahrleistungen aus Abbildung 2-2 mit den mittleren Fahrzeugreichweiten aus Abbildung 2-3 lassen sich folgende Aussagen ableiten: Die mittleren Reichweiten der drei leichten Fahrzeugklassen übersteigen die jeweiligen mittleren Tagesfahrleistungen. Damit ist in vielen Fällen kein Zwischenladen für diese Fahrzeugklassen notwendig. Die durchschnittliche Tagesfahrleistung von 356 km für Sattelzüge liegt nahe an der mittleren Fahrzeugreichweite der schwersten E-Lkw Gewichtsklasse von 362 km. Unter Berücksichtigung von täglichen Schwankungen der Fahrleistung sowie des realen Verbrauchs muss hier auch ein Zwischenladen der Fahrzeuge während des Tages in Betracht gezogen werden. Im grenzüberschreitenden Verkehr kann es Szenarien geben, bei denen ein Fahrzeug durch einen Wechsel der Kraftfahrerinnen und -fahrer mehr als 10 Stunden am Tag bewegt wird. Da sich diese Arbeit auf den deutschen Straßengüterverkehr fokussiert, wird dieses Szenario hier nicht weiter verfolgt.

In dieser Analyse werden aus Gründen der besseren Verständlichkeit mittlere Werte für Tagesfahrleistungen und Fahrzeugparameter betrachtet. In der Realität gilt es, Modell- und Tages-abhängige Schwankungen mit einzubeziehen. Eine Betrachtung der Schwankungsbreiten der Fahrzeug- und Fahrtendaten erfolgt in den Kapiteln 3.2.1 und 3.2.4 und wird auch in der Modellierung dieser Arbeit betrachtet. Der Vergleich der verfügbaren Fahrzeugreichweiten mit den Tagesfahrleistungen zeigt jedoch, dass ein Ersatz der konventionellen Lkw mit den elektrischen Modellen bereits heute möglich ist.

2.1.3 Lademöglichkeiten für E-Lkw

Die Ladestandorte und notwendigen Ladeleistungen für E-Lkw können sich deutlich von E-Pkw unterscheiden. Um die bestehenden Transportprozesse möglichst wenig zu verzögern, bietet es sich an, die Lkw nur an Standorten zu laden, die sie sowieso innerhalb des Transportprozesses erreichen. Bei Berücksichtigung des Transportnetzes aus Abbildung 2-1 sind dies Betriebsgelände von Logistikzentren und Kunden-/Lieferanten-Standorten sowie Umschlagpunkte. Darüber hinaus sind typische Pausenorte der Kraftfahrerinnen und -fahrer sowie der Fahrzeuge zu betrachten. Dies betrifft das Parken an der Straße in Gewerbegebieten und das Parken an Verkehrsachsen, wie Autobahnraststätten und -höfen. Abbildung 2-4 zeigt eine Zusammenfassung dieser möglichen E-Lkw-Ladestandorte.

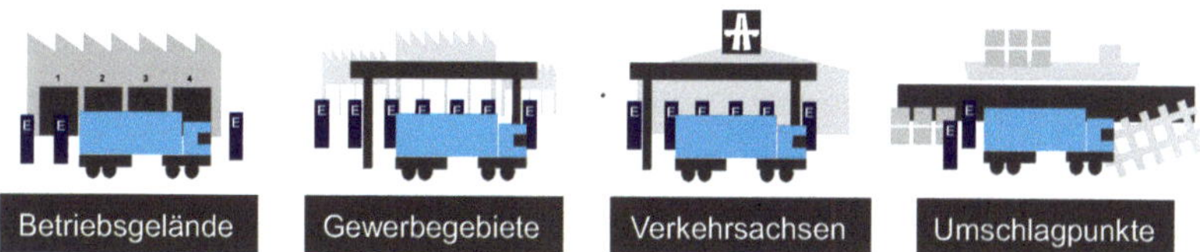

Abbildung 2-4: Übersicht möglicher E-Lkw-Ladestandorte.

Basierend auf den Analysen der Ladestandorte von E-Lkw aus [42] kombiniert mit den häufigsten Parkstandorten von Lkw aus [43], wird der Fokus bei der Betrachtung möglicher Ladestandorte in dieser Arbeit auf die Betriebsgelände von Logistikzentren und das Laden an Verkehrsachsen gelegt. In Zukunft könnten auch Lade-Hubs in Gewerbegebieten immer wichtiger werden, da viele Fahrzeuge hier im Straßenraum parken, dort aber nicht zentral geladen werden können. Das Zeitverhalten an diesen Lade-Hubs kann über die Betrachtung der umliegenden Betriebsgelände in dieser Arbeit ebenfalls abgebildet werden.

Hinsichtlich der notwendigen Ladeinfrastruktur an den Ladestandorten muss unterschieden werden, ob ein Zwischenladen in kurzen Lenkpausen und Fahrtunterbrechungen oder ein Nachtladen bzw. Laden in längeren Pausen erforderlich ist. Derzeit wird mit dem Megawatt-Ladestandard (MCS) ein Schnellladestandard für schwere Nutzfahrzeuge entwickelt [44]. Dieser soll Ladeleistungen von bis zu 3,75 MW ermöglichen. Dies würde es erlauben, die Batterie eines schweren Lkw mit im Mittel 458 kWh in knapp 8 Minuten zu laden[3]. Für das Nachtladen wären bei einer Pause der Kraftfahrerinnen und -fahrer von mindestens 9 Stunden bei derselben Batteriegröße 51 kW notwendig. Ladeleistungen in diesem Bereich sind durch das bereits für Pkw verfügbare Combined Charging System (CCS) mit Ladeleistungen bis 350 kW abgedeckt. Im Rahmen dieser Arbeit wird die tatsächlich notwendige Ladeleistung abhängig von der Fahrzeugart und dem Fahrverhalten näher betrachtet.

2.2 Integration von Elektromobilität in das elektrische Energieversorgungssystem

Die Bewertung der Auswirkungen einer Elektrifizierung des Straßengüterverkehrs auf das elektrische Energieversorgungssystem kann nur unter Kenntnis der dort parallel stattfindenden Veränderungen gelingen. Daher werden im Rahmen dieses Kapitels die Grundlagen zur Integration von Elektromobilität in das Energieversorgungssystem vorgestellt. Dazu wird zunächst das heutige und zukünftige deutsche Energieversorgungssystem charakterisiert. Anschließend wird thematisiert, wie die Integration von Ladeinfrastruktur für Elektrofahrzeuge in das Stromnetz und die Energiewirtschaft gelingen kann und welche Möglichkeiten die Flexibilisierung der Ladevorgänge bieten.

---

[3] Dies ergibt sich unter der Annahme, dass die Leistung konstant für den gesamten Batterieladezeitraum erbracht werden kann. In der Realität sinkt die Ladeleistung mit zunehmendem Batterieladezustand ab. Für Fahrzeuge mit besonders zeitkritischen Ladeprozessen ist davon auszugehen, dass durch eine herstellerseitig größer als angegeben dimensionierte Batteriekapazität die konstante maximale Ladeleistung lange erbracht werden kann.

2.2.1 Wandel im elektrischen Energieversorgungssystem

Das elektrische Energieversorgungssystem umfasst die Akteurinnen und Akteure, Tätigkeiten und Einrichtungen, die der Belieferung von Verbrauchern mit elektrischer Energie dienen [45]. Dies beinhaltet alle Elemente, die zur Erzeugung, Übertragung und Verteilung elektrischer Energie notwendig sind [46]. Mit der Energiewende findet ein Wandel im elektrischen Energieversorgungssystem statt. Abbildung 2-5 zeigt die prognostizierten Entwicklungen von installierter Leistung und Nettostromverbrauch in Deutschland für die Jahre 2037 und 2045 basierend auf Daten des Netzentwicklungsplans [24]. Diese sind jeweils für das Referenzjahr (2019 für den Verbrauch, 2020/2021 bei der Erzeugung[4]) und das Szenario B des Netzentwicklungsplans 2023 („Dekarbonisierung durch intensive Elektrifizierung" [24]) dargestellt.

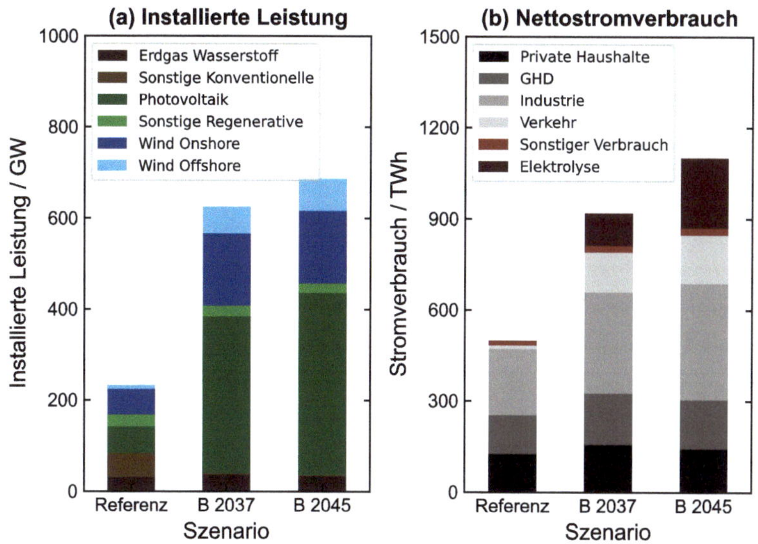

Abbildung 2-5: Prognose der Entwicklung von installierter Leistung (a) und Nettostromverbrauch (b) in Deutschland unterteilt nach Energieträgern bzw. Sektoren. Eigene Darstellung, Daten aus [24].

[4] Auf die Gründe der unterschiedlichen Referenzjahre wird im Netzentwicklungsplan 2023 nicht eingegangen. Möglicherweise ist der Rückgang des Verbrauchs während die Corona-Pandemie 2020 sowie unvollständige Daten der installierten Leistung die Ursache hierfür.

Konventionelle Energieträger wie Braunkohle, Steinkohle, Öl und Kernkraft werden perspektivisch nahezu vollständig durch regenerative Energieträger ersetzt. Aufgrund deren Volatilität und einem gleichzeitig steigenden Verbrauch muss die installierte Leistung ein Vielfaches der bisherigen konventionellen umfassen. Die installierte Leistung beträgt im betrachteten Szenario B des Netzentwicklungsplans 2037/2045 mit 686,1 GW das Dreifache des Referenzszenarios. Für den Nettostromverbrauch wird bis 2045 eine Verdopplung auf 1025 TWh im Vergleich zum Referenzszenario prognostiziert. Dies liegt vor allem an der Elektrifizierung des Verkehrs mittels Elektromobilität und des Wärmesektors unter Einsatz von Wärmepumpen sowie dem steigenden Energiebedarf von Industrie und Elektrolyseuren [24].

Der Szenariorahmen des Netzentwicklungsplans rechnet im Szenario B bei einer Direktelektrifizierung des Nutzfahrzeugsegments mit Bedarfen bis 2045 von 19,6 TWh für leichte Nutzfahrzeuge, 20,3 TWh für schwere Nutzfahrzeuge und 26,8 TWh für Oberleitungs-Hybrid-Lkw[5] [23]. Dies entspricht insgesamt 66,7 TWh und damit 6,5 % des für 2045 prognostizierten Nettostromverbrauchs. Hinzu kommen 77 TWh für E-Pkw und 3 TWh für E-Busse [23]. Werden dem in dieser Arbeit betrachteten Lkw-Bestand aus Abbildung 2-2 die Verbräuche aus Abbildung 2-3 hinterlegt, ergibt sich vergleichend ein jährlicher Energiebedarf von 50 TWh für eine Vollelektrifizierung des Lkw-Bestandes. Im Unterschied zum Netzentwicklungsplan werden außer Lkw jedoch keine anderen Nutzfahrzeuge berücksichtigt. Im Rahmen der probabilistischen Netzanalysen in Kapitel 5 wird auf die Regionalisierung und Auswirkungen von E-Lkw auf die HöS/HS-Umspannwerke näher eingegangen.

Ein Großteil der hinzukommenden Verbraucher und Erzeuger wird zunehmend im Verteilnetz angeschlossen (siehe Abbildung 2-6). Gleichzeitig wandeln sich ehemalige reine Verbraucher, wie Haushalte oder Industriebetriebe, durch eigene Speicher, Elektrofahrzeuge und Photovoltaik-Anlagen (PV-Anlagen) zu wetterabhängigen Prosumern. Dadurch ändert sich die Belastung und Lastflussrichtung

---

[5] Im Gegensatz zum Netzentwicklungsplan wird in dieser Arbeit aufgrund der aktuellen Entwicklungen alternativer Antriebstechnologien für Lkw der Hochlauf von Oberleitungs-Lkw als sehr unwahrscheinlich eingestuft. Daher wird in dieser Dissertation eine Elektrifizierung aller Lkw durch batterieelektrische Modelle untersucht.

im Energieversorgungssystem. Neben der Dezentralisierung entsteht ein Bedarf an Hochspannungs-Gleichstrom-Übertragungsleitungen (HGÜ) zur Einbindung verbraucherferner Erzeugung. Der Wegfall konventioneller Kraftwerke sowie die Notwendigkeit der Speicherung der volatilen regenerativen Erzeugung sorgt für einen steigenden Flexibilitätsbedarf. Gleichzeitig werden durch die zunehmende Elektrifizierung die Sektoren Wärme, Strom und Verkehr immer enger gekoppelt.

Das elektrische Energieversorgungssystem der Zukunft muss auf die beschriebenen Veränderungen vorbereitet und an diese steigenden Belastungen angepasst werden. Dazu ist eine Weiterentwicklung der Energiesystemplanung und des -betriebs erforderlich. Nicht nur neue Planungsansätze, welche Strom, Gas und Wasserstoff integriert berücksichtigen sind notwendig, sondern auch die Digitalisierung, intelligente Vernetzung und Messung des Energieversorgungssystems, die Nutzung von Flexibilitätspotentialen sowie die schnellere Umsetzung von Ausbauprojekten. Durch den im Juni 2021 beschlossenen Paragrafen §14d des Energiewirtschaftsgesetzes werden Verteilnetzbetreiber zudem zu deutlich mehr Veröffentlichungen hinsichtlich ihrer Netzausbaupläne gezwungen. So sind sie verpflichtet, alle zwei Jahre gemeinsam mit benachbarten Netzbetreibern Ausbaupläne für das Hochspannungsnetz vorzulegen, welche u.a. Netzkarten, geplante Maßnahmen, Planungsgrundlagen, Engpasskarten, Systemdienstleistungsbedarfe und Spitzenkappungsbedarfe umfassen [47].

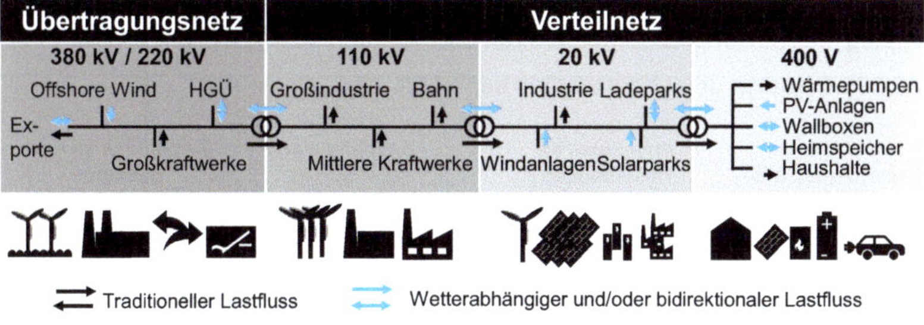

Abbildung 2-6: Veränderung der Lastflüsse im elektrischen Energieversorgungssystem in Deutschland.

2.2.2 Integration von Elektromobilität in Stromnetz und Energiewirtschaft

Die Integration von Ladeinfrastruktur für Elektromobilität in das elektrische Energieversorgungssystem betrifft sowohl das Stromnetz als auch die

Energiewirtschaft. Die Art des Anschlusses von Ladeinfrastruktur im Stromnetz ist abhängig vom Leistungsbedarf der Ladestation und den lokalen Gegebenheiten des Netzes. So können einzelne öffentliche Ladesäulen sowie private Wallboxen entweder über einen eigenen Anschluss oder einen bestehenden Kundenanschluss in der Niederspannungsebene angeschlossen werden, während Schnellladestationen und größere Ladeparks über eine eigene Netzstation in der Mittel- oder Hochspannungsebene angeschlossen werden (siehe Abbildung 2-6) [48].

Abbildung 2-7 zeigt eine Übersicht der Netzanschlussmöglichkeiten von Lade-Hubs für E-Lkw. Der gesamte Leistungsbedarf des Hubs entscheidet gemeinsam mit der bestehenden Netzinfrastruktur über die konkrete Umsetzung des Netzanschlusses. Bis 8 MVA Anschlussleistung kann der Lade-Hub an einen bestehenden Mittelspannungs-(MS)-Abgang angeschlossen werden, sofern dieser noch über die erforderlichen Kapazitäten verfügt. Bei größeren Anschlussleistungen erfolgt der Anschluss direkt an die MS-Sammelschiene eines UWs. Bis 20 MVA Anschlussleistung ist der Anschluss an ein bestehendes UW möglich. Bei höheren Leistungen muss das UW entweder erweitert (bis 30 MVA Anschlussleistung) oder neu errichtet werden (über 30 MVA Anschlussleistung). Je mehr Infrastuktur neu gebaut werden muss, desto höher sind die zeitlichen und finanziellen Aufwände. So kann der Neubau eines Umspannwerks bis zu 10 Jahre dauern und bis zu 20 Mio. € kosten, während bei der Integration in einen bestehenden MS-Abgang mit maximal 2 Jahren Dauer und je nach Konfiguration 70.000 € bis 230.000 € Kosten gerechnet werden kann [22].

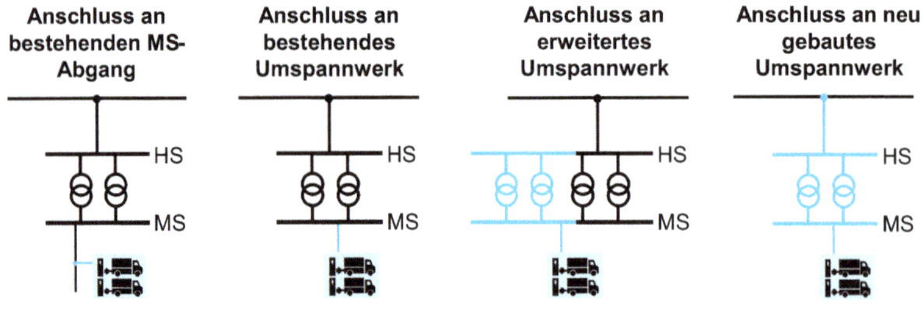

Abbildung 2-7: Übersicht der Netzanschlussmöglichkeiten von Lade-Hubs für E-Lkw. Eigene modifizierte Darstellung nach [22].

Nicht nur technisch gesehen verändert die Integration von Elektromobilität das Energieversorgungssystem, auch aus wirtschaftlicher Sicht werden Änderungen sichtbar. Abbildung 2-8 zeigt die Integration neuer Beteiligter, wie Ladepunktbetreiber und Elektromobilitätsbetreiber im Zuge des Ladeinfrastrukturausbaus und deren Integration in das bestehende Beziehungsgeflecht der Energiewirtschaft mit Netzbetreibern (VNB, ÜNB), Stromlieferanten, Stromerzeugern sowie Endkundinnen und -kunden [49]. Diese bei einer Elektrifizierung des Straßengüterverkehrs betroffenen Parteien müssen sich auf dessen Hochlaufszenarien einstellen und sind daher in dieser Arbeit adressiert. Die zukünftigen Ausgestaltungen der Beziehungen im E-Lkw-Segment können sich dabei von denen der E-Pkw unterscheiden.

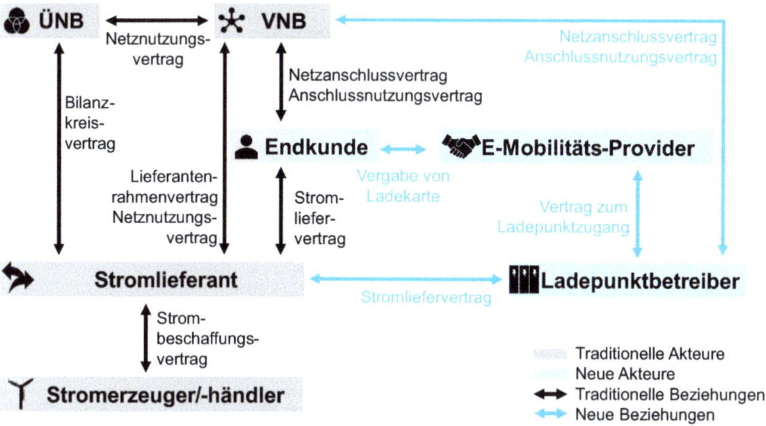

Abbildung 2-8: Integration von Elektromobilität in das Beziehungsgeflecht der traditionellen Energiewirtschaft. Eigene modifizierte Darstellung nach [49].

2.2.3 Flexibilitätspotential von Ladevorgängen elektrischer Fahrzeuge

Durch den Zubau volatiler erneuerbarer Erzeugung steigt der Bedarf an Flexibilitätsoptionen im Energieversorgungssystem, wobei gleichzeitig Flexibilitäten aus konventioneller Erzeugung wegfallen [50]. Flexibilität bezeichnet dabei die auf einem externen Signal basierende Änderung von Einspeisung oder Verbrauch, um damit eine Dienstleistung im Energieversorgungssystem zu erbringen [51]. Abbildung 2-9 veranschaulicht den wachsenden Bedarf an Systemflexibilität in Deutschland und zeigt auf, wie dieser in Zukunft gedeckt werden kann.

In [50] werden deutschlandweit Flexibilitätsbedarfe bis 2050 von bis zu 143 GW zur Deckung von Leistungsdefiziten bzw. von bis zu -150 GW zur Bedienung von Leistungsüberschüssen prognostiziert. Die Nutzung des Flexibilitätspotentials von Elektromobilität kann zur Deckung dieser Bedarfe eine wichtige Rolle spielen. So wurde in [52] das Flexibilitätspotential von E-Pkw in Deutschland mit maximal 45 GW Lasterhöhung sowie -15 GW Lastsenkung bestimmt. Unter Berücksichtigung, dass dabei lediglich von 21,6 Mio. E-Pkw, einer Ladeleistung von 3,7 kW sowie keiner Fähigkeit zum bidirektionalen Laden (d.h. keiner Entladung der Batterien) ausgegangen wurde, lässt sich ableiten, dass bei Änderung dieser Nebenbedingungen noch deutlich höhere Flexibilitätspotentiale erreicht werden könnten. In [53] wurde das Flexibilitätspotential von E-Pkw-Ladevorgängen anhand realer niederländischer Messdaten hinsichtlich zeitlicher Aspekte untersucht. Dabei konnten Ladevorgänge von 59 % der betrachteten Flotte um 8 Stunden verschoben werden, von 16 % der Fahrzeuge sogar um mehr als 24 Stunden. Auch im Netzentwicklungsplan 2037/2045 wurde bereits die Flexibilisierung von E-Pkw Ladevorgängen betrachtet. Dabei spielte jedoch ebenfalls weder die Möglichkeit des bidirektionalen Ladens noch die Nutzung von Nutzfahrzeugbatterien eine Rolle [24].

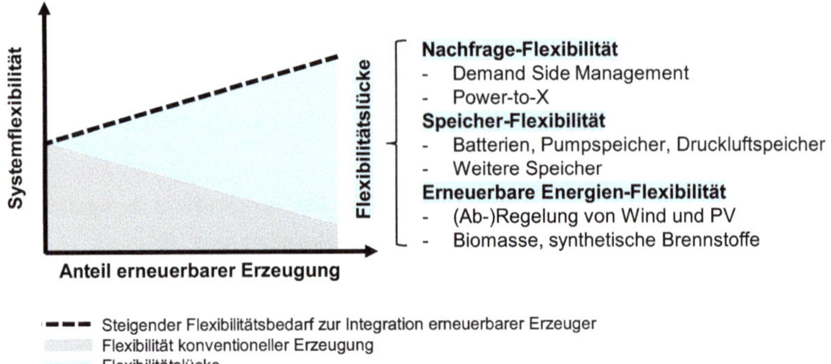

Abbildung 2-9: Steigender Bedarf an Systemflexibilität beim Ausbau volatiler erneuerbarer Erzeuger und deren Deckungsmöglichkeiten. Eigene Darstellung nach [50].

Bei der Nutzung der Flexibilitäten wird zwischen systemdienlicher Flexibilisierung zur Wahrung der Leistungsbalance (Frequenz- und Spannungshaltung), netzdienlicher Flexibilisierung zur Vermeidung von Betriebsmittelüberlastungen sowie Spannungsbandverletzungen und marktdienlicher Flexibilisierung unterschieden

[46]. Um die Interessen dieser unterschiedlichen Ziele vereinbaren zu können bedarf es einer Kommunikation zwischen Netz und Markt. Eine Möglichkeit, diese transparent abzubilden ist das Netzampelkonzept [54]. Dabei wird die Situation im Netz mittels der Phasen „grün", „gelb" und „rot" beschrieben. Während in der grünen Marktphase der Handel der Flexibilitäten rein durch preisliche Marktsignale bestimmt wird, nutzen Netzbetreiber in der gelben Übergangsphase bereits vertraglich zugesicherte Flexibilität. Dafür prognostizieren sie Netzengpässe für den Folgetag und die hieraus entstehenden Flexibilitätsbedarfe und melden diese an den Markt. Die übrige Flexibilität kann marktdienlich genutzt werden. In der roten Ampelphase greift der Netzbetreiber direkt steuernd und regelnd auf Flexibilitätsmarkt und Betriebsmittel zu.

Ladeprozesse von Elektrofahrzeugen bieten Flexibilitäten hinsichtlich der Parameter Zeitpunkt, Ort, Leistung sowie beim bidirektionalen Laden der Betriebsart (Laden/Entladen des Fahrzeugs). Durch größere Batteriekapazitäten, klar planbare Routen sowie die einfache Aggregation an zentralen Lade-Hubs bieten E-Lkw hier Vorteile gegenüber der Nutzung von E-Pkw [17], [18]. Abbildung 2-10 zeigt eine Übersicht der Nutzungsmöglichkeiten von Flexibilitäten der Elektromobilität. Zusätzlich zu den drei Kategorien system-, netz- und marktdienlich wurde dazu die nutzerbezogene Anwendung von Flexibilitäten hinzugezogen. In der Literatur wird dabei besonders oft die Optimierung der Ladeprozesse hinsichtlich der Integration erneuerbarer Einspeisung oder des Eigenverbrauchs in [55], [56] und [57], die Bereitstellung von Regelenergie zur Frequenzhaltung in [18], [55] und [58], der Handel am Spotmarkt in [55], [59] und [60], und die Lastglättung oder dynamische Netzanschlussauslastung in [55], [56], [59], [61], [62] und [63] thematisiert. Mit Ausnahme von [18] und [56] wurden dabei jedoch hauptsächlich E-Pkw betrachtet. In einem Positionspapier fordert jedoch bereits der Verband Europäischer Übertragungsnetzbetreiber (ENTSO-E) die zukünftige Nutzung von Flexibilitäten aus E-Lkw-Batterien [64]. Die Flexibilitätspotentialanalyse in dieser Arbeit konzentriert sich dabei auf Wirkleistungsflexibilitäten.

Nutzungsmöglichkeiten für Flexibilitäten aus Elektromobilität

systemdienlich	netzdienlich	marktdienlich	nutzerbezogen
- Frequenzhaltung - Spannungshaltung - Redispatch/ Engpassmanagement - Schwarzstartfähigkeit	- Lastglättung - Dynamische Netzanschlussauslastung - Integration Erneuerbarer Einspeisung	- Termin- oder Spotmarkt - Flexibilitätsmarkt - Bilanzkreismanagement - Gegenseitige Versorgung von Fahrzeugen	- Eigenverbrauchs-optimierung - Notstromversorgung - Ausnutzung variabler Stromtarife

Theoretisch möglich
In Literatur simulativ oder real erprobt

Abbildung 2-10: Übersicht von Nutzungsmöglichkeiten der Flexibilitäten aus Elektromobilität.

2.3 Bestimmung der Auswirkungen von Elektromobilität auf das Stromnetz

Um das Stromnetz auf steigende Last- und Energiebedarfe beim Hochlauf von Elektromobilität im Straßengüterverkehr vorzubereiten, muss das Laden der E-Lkw in die Stromnetzplanung einbezogen werden. Nur so lassen sich die Auswirkungen auf das Energiesystem und daraus notwendige Netzausbau- oder Flexibilisierungsmaßnahmen ableiten. In diesem Kapitel wird daher zusammengefasst, wie die Stromnetzplanung abläuft und welche Ansätze bisher zur Berücksichtigung von Elektromobilität in der Netzplanung existieren. Dazu muss nicht nur der Energiebedarf, sondern vor allem der zeitabhängige Leistungsbedarf der E-Lkw bekannt sein. Daher werden bestehende Modellierungsverfahren zur Nachbildung und Prognose dieses Leistungsbedarfs vorgestellt, ehe näher auf die bisher untersuchten Netzauswirkungen durch E-Lkw eingegangen wird.

2.3.1 Aufgaben und Analyseschritte der Stromnetzplanung

Die Zielvorgabe der Stromnetzplanung ist die Auslegung eines zuverlässigen, wirtschaftlichen und umweltverträglichen elektrischen Energieversorgungssystems [65]. Dies leitet sich aus dem energiepolitischen Zieldreieck ab [66]. Der Netzplanungsprozess lässt sich bezugnehmend auf diese Zielgrößen in drei

Analyseschritte unterteilen. Abbildung 2-11 zeigt die Verortung der Analyseschritte im Netzplanungsprozess im energiepolitischen Zieldreieck [67].

Zunächst erfolgt eine technische Analyse, die für einen Zeithorizont von bis zu 20 Jahren [66] die Entwicklung von Erzeugung und Last im Betrachtungsraum prognostiziert und auf Basis deren den Netzausbaubedarf des Bestandnetzes unter Einhaltung der Strom- und Spannungsbandgrenzen ermittelt. Daraus werden mögliche Netzausbauvarianten entwickelt. Anschließend erfolgt eine Bewertung der Wirtschaftlichkeit der unterschiedlichen Varianten und deren Vergleich ehe die Umweltverträglichkeit hinsichtlich Umweltauswirkungen und Akzeptanz in der Bevölkerung bei einer möglichen Umsetzung bewertet wird. Abschließend muss ein Optimum aus den drei Kriterien ermittelt werden, wobei eine Verbesserung eines Ziels gleichzeitig zur Verschlechterung eines anderen führen kann [68]. So können umweltverträglichere Netzausbauvarianten beispielsweise teurer in der Umsetzung sein. Der Fokus dieser Arbeit liegt darauf, wie das Laden von E-Lkw in die technische Analyse (Schritt 1) und somit in den bestehenden Netzplanungsprozess integriert werden kann.

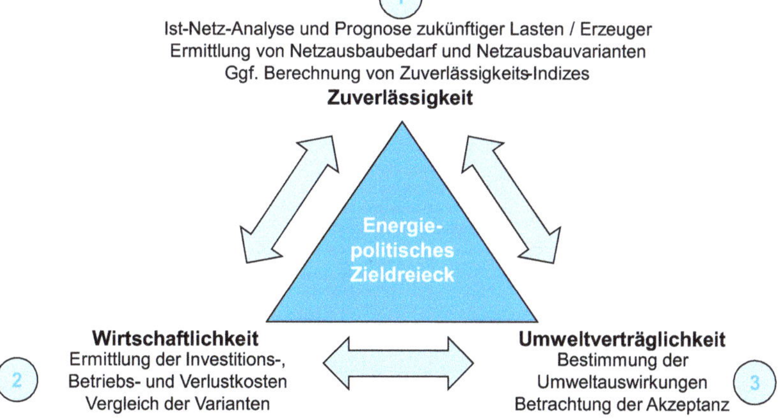

Abbildung 2-11: Analyseschritte des Netzplanungsprozesses und deren Verortung im energiepolitischen Zieldreieck.

Der prinzipielle Ablauf der technischen Analyse im Netzplanungsprozess wird in den Planungsgrundsätzen für 110-kV-Netze des Verbands der Elektrotechnik

(VDE) in Anwendungsregel (AR) 4121 [69] skizziert. Abbildung 2-12 fasst diesen Prozess schematisch zusammen.

Ist aufgrund von geänderten Rahmenbedingungen oder periodisch vorgeschriebenen Überprüfungen einen Anpassung des Zielnetzes notwendig, muss zunächst der Zustand des Ist-Netzes untersucht werden [69]. Dazu werden neben der Topologie des Ist-Netzes Last- und Erzeugungsdaten im Ist-Zustand sowie Prognosen benötigt [67]. Im Anschluss daran kann mittels Netzberechnungen analysiert werden, ob das Ist-Netz auch langfristig seinen Versorgungsaufgaben gerecht wird, oder ob aufgrund von Veränderungen in Last und Erzeugung Netzausbaumaßnahmen notwendig sind [69].

Im Rahmen von Netzberechnungen werden beispielsweise Lastfluss-, Ausfall (n-1)-, Kurzschluss- und Stabilitätsuntersuchungen durchgeführt [70]. Welche Untersuchungen in dieser Phase des Netzplanungsprozesses tatsächlich umgesetzt werden, hängt von der betrachteten Spannungsebene ab [71]. Genügt das Ist-Netz in diesen Berechnungen nicht den technischen Grenzwerten hinsichtlich Strombelastbarkeit, zulässigem Spannungsband und Spannungsqualität, werden Netzausbauvarianten entwickelt und in den Netzberechnungen analysiert. Die Netzausbauvarianten mit eingehaltenen Grenzwerten können anschließend hinsichtlich ihrer Wirtschaftlichkeit und Umweltverträglichkeit verglichen und bewertet werden.

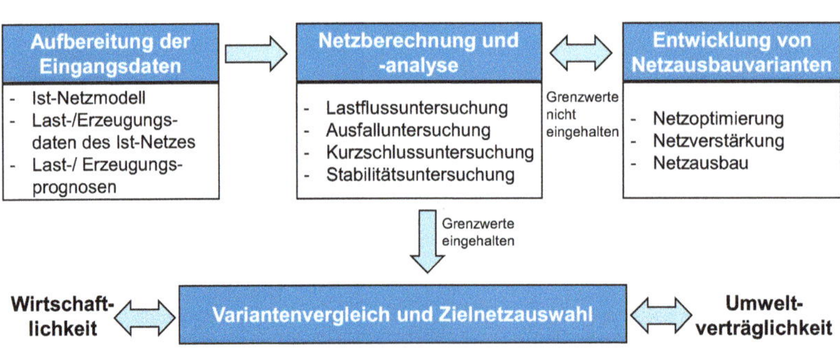

Abbildung 2-12: Ablauf der technischen Analyse im Netzplanungsprozess.

2.3.2 Netzplanungsansätze mit Elektromobilität

Für die Auslegung der Stromnetze auf zukünftige Leistungsflüsse in der Lastfluss- und Ausfalluntersuchung existieren unterschiedliche Ansätze [69]:

- die Betrachtung von Worst-Case-Szenarien,
- die zeitreihenbasierte Netzplanung,
- die probabilistische Netzplanung.

Die Betrachtung von Worst-Case-Szenarien zählt zur konventionellen Methodik in der Stromnetzplanung. Dabei wird üblicherweise zwischen zwei typischen Worst-Case-Szenarien unterschieden: dem Starklast- und dem Einspeisefall [67]. Der Starklastfall berücksichtigt die höchste Last bei minimaler Einspeisung [69]. Im Gegensatz dazu ist im Einspeisefall die höchste Einspeisung bei geringster Last abgebildet [69]. Ein Gleichzeitigkeitsfaktor berücksichtigt dabei, welcher Anteil der Spitzenlast oder Spitzeneinspeisung tatsächlich auftritt [72]. Aufgrund des Zubaus volatiler erneuerbarer Erzeugung und flexibler Lasten, wie Elektrofahrzeugen und Speichern, genügt dieser statische Ansatz jedoch oft nicht mehr, um die Netzvarianten bedarfsgerecht auslegen zu können [67]. So ist aufgrund der unbekannten Auftrittswahrscheinlichkeiten der Worst-Case-Szenarien eine Über- oder Unterdimensionierung des Netzes wahrscheinlich [73]. Auch ist die Abbildung von Prognosen zu den zukünftigen Entwicklungen von Last und Erzeugung mit Worst-Case-Szenarien schwierig. Ebenso wenig kann deren Flexibilität und Steuerung modelliert werden.

Die zeitreihenbasierte Netzplanung bietet eine Möglichkeit, die Wahrscheinlichkeit von Über- und Unterdimensionierungen des Stromnetzes zu verhindern und gleichzeitig flexible zeitabhängige Prozesse, wie Spitzenkappung und Speichereinsatz, zu untersuchen [67], [71]. Dabei werden für die Lasten und Erzeuger, anstelle von statischen Werten, Zeitreihen angenommen und für jeden berücksichtigten Zeitpunkt eine Netzberechnung durchgeführt. Dadurch können die Zustände im Netz realitätsnäher abgebildet und das Netz darauf ausgelegt werden. Die Analyse der Häufigkeit der auftretenden Zustände erlaubt gleichzeitig eine probabilistische Bewertung, weshalb sich die zeitreihenbasierte Netzplanung nicht eindeutig von der probabilistischen abgrenzen lässt. Bei letzterer werden die Lasten und Erzeuger mit Wahrscheinlichkeiten modelliert und daraus anhand analytischer oder Monte-Carlo-Verfahren die Häufigkeitsverteilungen von Knotenspannungen und Leitungsströmen bestimmt [66]. Der hohe Rechenaufwand besonders bei großen Netztopologien und die mögliche Nichtbetrachtung von Extremszenarien sind Nachteile der zeitreihenbasierten Netzplanung.

Um den Faktor Elektromobilität in den beschriebenen Netzplanungsansätzen berücksichtigen zu können, bedarf es abhängig von der Betrachtungsart unterschiedlicher Eingangsinformationen. Für die konventionelle Netzplanung mit Worst-Case-Szenarien genügt je nach betrachteter Netzebene die Information über die Anzahl der Ladepunkte, deren Leistung sowie den anzunehmenden Gleichzeitigkeitsfaktor [74]. Letzterer ermittelt sich aus dem Quotienten von tatsächlich auftretender gleichzeitiger Spitzenlast aller betrachteten Ladepunkte dividiert durch die theoretisch maximal mögliche Spitzenlast als Summe der Spitzenlasten aller einzelnen Ladepunkte nach (2-1).

Da gerade das Laden von Elektrofahrzeugen stark zeitabhängig ist (z.B. Laden zu Hause vs. Laden am Arbeitsplatz), bieten sich für dessen Berücksichtigung in der Netzplanung zeitreihenbasierte Ansätze besonders an. Dafür werden Zeitreihen des Ladeverhaltens aller Fahrzeuge im betrachteten Netzgebiet für den Betrachtungszeitraum in Form gemessener, wie in [53] und [75], oder modellierter synthetischer Zeitreihen benötigt [76]. Oft ist die Verfügbarkeit einer repräsentativen Anzahl an gemessenen Ladeprofilen jedoch nicht gegeben [76].

$$g(n) = \frac{\max \sum_{i=1}^{n} P_i(t)}{\sum_{i=1}^{n} \max P_i(t)} = \frac{P_{\text{ges,max,real}}}{P_{\text{ges,max,theo}}} \tag{2-1}$$

Mit:			
	n	Anzahl der Fahrzeuge	-
	$g(n)$	Gleichzeitigkeitsfaktor	-
	$P_i(t)$	Von der Zeit t abhängiger Verlauf der Ladeleistung des Fahrzeugs i	kW
	$P_{\text{ges,max,real}}$	Tatsächlich gleichzeitig auftretende Spitzenlast aller Ladepunkte	kW
	$P_{\text{ges,max,theo}}$	Theoretisch mögliche auftretende Spitzenlast	kW

Zur Modellierung synthetischer Ladeprofile von E-Pkw werden häufig sogenannte Trip-Chain-Ansätze (engl. Fahrtenketten-Ansätze) genutzt. Diese basieren auf der Kombination von realen Mobilitätsdaten konventioneller Pkw mit Parametern, wie Reichweite, Batteriekapazität und Verbrauch, von E-Pkw [77]. Aus den Mobilitätsdaten werden zunächst an die begrenzte Reichweite der E-Pkw angepasste Fahrtenketten erstellt, ehe aus diesen der zeitabhängige Ladebedarf und damit ein Ladeprofil abgeleitet werden kann [78]. Hinsichtlich des Verbrauchs der Fahrzeuge kann zwischen Modellen mit einem konstanten mittleren Verbrauch je 100 km [79] und Modellen mit variablen Verbräuchen je 100 km, abhängig von

Fahrzeuggeschwindigkeit und Streckenverhältnissen [80], unterschieden werden. Außerdem unterscheiden sich die Ansätze in der Art der zufälligen Generation der synthetischen Fahrtenketten bzw. Ladeprofile. Verbreitete Methoden sind Monte-Carlo-Modelle [81], Modelle basierend auf der Kombination unterschiedlicher Verteilungsfunktionen [75] sowie Markov-Modelle mit Zustandsübergangswahrscheinlichkeiten [76], [82]. Zudem variieren die zur Nachbildung der gefahrenen Strecken genutzten Mobilitätsdaten je Betrachtungsland [79].

2.3.3 Berücksichtigung von E-Lkw in der Netzplanung

Ein großer Teil der Forschung zur Netzintegration von Elektromobilität konzentrierte sich bisher auf das öffentliche, halb-öffentliche und private Laden von E-Pkw [14]. Im Rahmen dieser Dissertation liegt der Schwerpunkt auf der Netzintegration von E-Lkw im Straßengüterverkehr. In diesem Unterkapitel werden Forschungsarbeiten zur Netzintegration von E-Lkw mit den Schwerpunkten Fahrzeugtypen und Anwendungsfälle, Modellierungsverfahren, Stromnetzaspekte sowie Flexibilitätskonzepte vorgestellt.

Die betrachteten Anwendungsfälle und Fahrzeugtypen zum Laden von E-Lkw in der Literatur unterscheiden sich teilweise deutlich. Ein Teil der Forschung fokussiert sich auf (über-)regionale Betrachtungen des Lkw-Verkehrs mit dem Ziel, daraus Ladestandorte und Ladebedarfe abzuleiten. Schwerpunkte sind dabei schwere Lkw im Fernverkehr in den USA [15], [83], [84] sowie meist europäische Studien, die leichte E-Lkw (Lieferwagen) [18], [20], [21] und den städtischen Wirtschaftsverkehr in den Fokus rücken [18], [20]. Darüber hinaus wird oft die Regionalisierung des Ladebedarfs von schweren E-Lkw im Regional- oder Fernverkehr in Europa [85], [86] beziehungsweise Deutschland [16], [25], [87] betrachtet. Ein zweiter Teil der Forschung betrachtet keine regionalen Auswirkungen, sondern einzelne Ladestandorte, wie standardisierte Ladehubs an Autobahnen, Industrie- und Gewerbegebieten sowie an Depots [13], [14], [22].

Aufgrund der noch geringen Durchdringung von E-Lkw in den Flotten wird bei der Nachbildung des Ladebedarfs häufig auf synthetische Ladeprofile zurückgegriffen. Dabei existieren in der Literatur unterschiedliche Ansätze zur Abschätzung und Regionalisierung des Ladebedarfs. Es werden meist Fahrtendaten konventioneller Lkw mit Fahrzeugparametern von E-Lkw kombiniert, um den Ladebedarf regionalisieren und quantifizieren zu können. Um an Fahrtendaten zu gelangen, existieren unterschiedliche Möglichkeiten. Eine häufig genutzte Methodik ist die Analyse der Standorte konventioneller Lkw basierend aus GPS-Daten [83], [85], [87]. Diese sind jedoch meist nicht öffentlich verfügbar und eignen sich dadurch nur eingeschränkt für übertragbare Modellierungsansätze. Eine weitere Möglichkeit bietet die Nutzung von Mobilitätsdaten basierend auf Fahrtenbüchern [16], [18], [19], [21], [25]. Diese sind oft bei den statistischen Ämtern des Betrachtungslandes erhältlich und ermöglichen so die Übertragung auf unterschiedliche Betrachtungsräume. Darüber hinaus nutzen einige Studien Verkehrsflussdaten [84] basierend auf existierenden Verkehrsmodellen [86] oder Verkehrszählungen [13], [22], [25]. Teilweise werden auch individuelle logistische Kenndaten von Depotbelegungen oder Abfahrts-/Ankunftszeiten verwendet [13], [14], [15], [84]. Diese basieren jedoch oft auf individuellen Firmenparametern und werden meist nicht hinsichtlich ihrer Übertragbarkeit betrachtet.

Die Ergebnisse in der Literatur sind durch die beschriebenen deutlich unterschiedlichen Anwendungsfälle und Betrachtungsschwerpunkte schwierig zu vergleichen. Bereits die Aufteilung des Ladebedarfs auf charakteristische Ladestandorte von Lkw variiert. So regionalisiert [86] den Ladebedarf zu 65 % auf Depots, 25 % auf Umschlagpunkte und 10 % auf öffentliche Ladeinfrastruktur. Im Gegensatz dazu wird in [16] 55 % des Bedarfs für das Depotladen, 24 % für öffentliches Nachtladen, 12 % für MCS-Laden und 9 % für CCS-Laden (jeweils öffentlich oder betrieblich) veranschlagt. Nach [83] kann der Energiebedarf von Lkw im Nah- und Regionalverkehr zu 35 bis 77 % mit Laden außerhalb der Arbeitszeiten und Ladeleistungen unter 350 kW gedeckt werden, im Fernverkehr ist für 45 bis 57 % des Energiebedarfs jedoch ein Zwischenladen mit Ladeleistungen im MW-Bereich notwendig. [83] analysiert anhand von GPS-Daten aus den USA, dass der Ladebedarf des Nahverkehrs meist in städtischen Gebieten mittels Außer-Schicht-Laden, der Ladebedarf des Fernverkehrs eher in ländlichen Gebieten mittels Zwischenladen gedeckt werden muss. Dabei wird festgestellt, dass sich mit steigenden Fahrzeugreichweiten auch der Ladebedarf des Fernverkehrs in Richtung der städtischen Gebiete verschiebt.

Tabelle 2-1 zeigt den Ladebedarf hinsichtlich Energienachfrage, Spitzenlast und Zeitcharakteristik für die unterschiedlichen Ladestandorte, Fahrzeugtypen und

Elektrifizierungsquoten. Da die Rahmenbedingungen fast jeder Studie völlig unterschiedlich sind, sind diese Ergebnisse für eine allgemeine Übertragung in die Netzplanung bislang unzureichend.

Tabelle 2-1: Zusammenfassung der Ergebnisse für den Ladebedarf von E-Lkw an charakteristischen Ladestandorten aus der Literatur.

Ort	Fahrzeugtyp	Jahr / Elektrifizierungsquote	Energiebedarf	Spitzenlast	Zeitraum der Lastspitze
Ladehubs an Autobahnen [13]	Schwere E-Lkw im Fernverkehr	2040 / 60-80 %	-	Groß: 33 MVA; klein: 7,6 MVA	10-12 Uhr; 20-24 Uhr
Ladehubs an Autobahnen [22]	E-Pkw, schwere E-Lkw im Fernverkehr	2035 / 50 %	-	Groß: 32 MW; Mittel: 19,5 MW; Unbewirtschaftet: 10,5 kW	-
logistisches Gewerbegebiet [13]	Schwere E-Lkw im Fernverkehr	2040 / 60-80 %	6,7 MWh/ha	60 MW; 0,5 MW/ha	12 Uhr / 18 Uhr
Depot [14]	Schwere E-Lkw im Nahverkehr	- / 10, 50, 100 Fahrzeuge	114-365 kWh je Lkw Tag	3-6 MW	14-21 Uhr
Städtischer Knotenpunkt [86]	E-Lkw im Stadt-/Regionalverkehr	2030 / 43 %	29-166 GWh	-	-
Elektrische Stadtbelieferung [20]	Leichte und vereinzelt schwere E-Lkw	- / 100 %	248 GWh	80 MW	nachts
Deutschland [19]	Leichte Nutzfahrzeugflotte	- / 100 %	8560 GWh	5 GW	tagsüber
Deutschland [23]	E-Lkw, Oberleitungs-Lkw	2045 /-	66,7 TWh	-	-
Deutschland [16]	E-Lkw > 3,5 t	2045 / 100 %	112 TWh	je Ladestandort 5-39 MW	7 Uhr; 15-17 Uhr
USA [84]	E-Lkw im Fernverkehr	- / 100 %	184 TWh	2-20 GW je nach betrachteter Netzregion	mittags

Viele Studien, die sich mit der Ladebedarfsmodellierung bzw. Regionalisierung von E-Lkw befassen, wie [85], [86] und [87], vernachlässigen die Stromnetzaspekte hinsichtlich Netzanschlussauslegung oder auch Netzauswirkungen. In [13], [16] und [22] wird für E-Lkw-Ladehubs, je nach dimensionierter Spitzenlast im ein- bis zweistelligen MW-Bereich, ein Netzanschluss auf Mittel- oder Hochspannungsebene vorgeschlagen. Dies wird in [13] und [22] auf Hochspannungsebene entweder durch einen HS/MS-Umspannwerk-Neu- oder -Ausbau bzw. auf Mittelspannungsebene durch eine Direktleitung zu einem existierenden

Umspannwerk umgesetzt. Abgesehen von den Auswirkungen auf den Netzanschlusspunkt wurden Netzauswirkungen bisher im Bereich des E-Lkw-Ladens kaum untersucht. So geht auch [13] nur auf den Neubau des Netzanschlusses ein, [86] nur auf die Regionalisierung des Ladebedarfs in Form von Anzahl und Ladeleistung der Ladestationen je NUTS-3-Region[6].

In [14] werden die Auswirkungen von E-Lkw-Laden von maximal 100 Fahrzeugen an Depots auf 36 reale HS/MS-Umspannwerke in Texas betrachtet. Den Ergebnissen zufolge waren bis zu 86 % der Umspannwerke in der Lage, den neuen Ladebedarf ohne Netzausbau bereitzustellen. Die restlichen Umspannwerke mussten entweder ertüchtigt oder neugebaut werden. Für Umspannwerke im Stadtgebiet von Amsterdam berechnet [20] eine Steigerung der Lastspitzen um maximal 4 % beim ungesteuerten Laden. In [18] werden unter Verwendung einer Grenzkurvenanalyse die möglichen Durchdringungsraten von kommerziellen Flotten (E-Pkw und leichte Nutzfahrzeuge) anhand mehrerer CIGRE Niederspannungs-Referenznetze betrachtet. Am Beispiel eines synthetischen Übertragungsnetzmodells und realer Verteilnetzmodelle aus Texas zeigt [15], dass bereits ab 11 % gleichzeitig ladender Schwerlastfahrzeuge, dies entspricht 30.000 Fahrzeugen, im Übertragungsnetz signifikante Spannungsbandverletzungen auftreten können, welche die Netzzuverlässigkeit beeinflussen. Im Verteilnetz tritt dies bereits ab einigen Dutzend Elektrofahrzeugen auf, wobei die Konzentration der Ladevorgänge auf wenige Ladehubs anstelle einer Verteilung positiv für das Netz ist. Die Untersuchungen aus den USA sind aufgrund anderer Netzstrukturen und -planungsrichtlinien nicht einfach auf Deutschland übertragbar.

Die unterschiedlichen Aspekte der Stromnetzplanung sind in der Literatur bei der Betrachtung von E-Lkw sehr unterschiedlich ausgeprägt. Während ein Lademanagement zur Eigenversorgung aus erneuerbaren Energien und Glättung von Lastspitzen zumindest teilweise betrachtet wird, sind Flexibilitätspotentialabschätzungen und -einsätze nur sehr selten Gegenstand der Forschung. In [19] wird untersucht, inwieweit das Laden leichter E-Lkw in Deutschland mit erneuerbaren

6 Dabei bezeichnet NUTS eine Systematik von Gebietseinheiten für die Statistik (franz. Nomenclature des Unités territoriales statistiques). Eine NUTS-3-Region ist ein geografisches Gebiet mit 150.000 bis 800.000 Einwohnern. In Deutschland entspricht dies den Land- bzw. Stadtkreisen und kreisfreien Städten.

Energien gedeckt werden kann. Außerdem wird ein Lademanagement zur möglichst wirtschaftlichen Versorgung einer Flotte entwickelt. In [88] wird die Routenplanung und das Ladeverhalten von leichten E-Lkw eines Depots an die fluktuierende erneuerbare Erzeugung angepasst. Die Nutzbarkeit von Photovoltaikanlagen zur Reduktion der Spitzenlast und Netzanschlussleistung in logistischen Gewerbegebieten wird in [13] untersucht, aufgrund der geringen Erzeugung im Winter aber als schwierig erachtet.

Das Potential eines Managements der Nachtladevorgänge an E-Lkw-Ladehubs wird in [13] und [22] als vielversprechend betrachtet. Diesem wird eine höhere Wirksamkeit als dem Einsatz eines Batteriespeichers zugewiesen [13]. In [14] werden die Ladeprozesse von E-Lkw an Depots hinsichtlich ihrer Verschiebbarkeit und Glättung untersucht. Dabei konnte durch Minimierung der Ladeleistung je E-Lkw eine Reduktion der Lastspitzen um etwa 40 % im Vergleich zum ungesteuerten Laden mit 100 kW je E-Lkw erreicht werden. Auch eine Verschiebung der Last vom Nachmittag in die Morgenstunden des nächsten Tages war möglich, wurde aber aufgrund eines Zusammenfallens mit morgendlichen Lastspitzen im Netz als nicht optimal eingeordnet [14]. [20] betrachtet eine Glättung des Ladebedarfs durch die Nutzung minimaler Ladeleistungen.

In [64] wird die Eignung von E-Lkw zur Flexibilitätsbereitstellung speziell beim Depotlanden unter angepassten regulatorischen Rahmenbedingungen aufgrund der gut planbaren Ladeprozesse als sehr vielversprechend betrachtet, jedoch nicht quantifiziert. [17] untersucht das Flexibilitätspotential unterschiedlicher realer E-Fahrzeug-Flotten und weist darauf hin, dass in den Untersuchungen das Potential einer Logistikflotte im Vergleich zu einer Büro-Mitarbeiter- und einer Behördenflotte am größten ist, verallgemeinert diese Erkenntnisse jedoch nicht. In [18] wird untersucht, inwieweit gewerbliche Flotten im städtischen Wirtschaftsverkehr an bestehenden Märkten für Systemdienstleistungen sowie an bisher nicht vergüteten netzdienlichen Anwendungen teilnehmen können. Die Autoren kamen zum Ergebnis, dass die Wirtschaftsverkehrsflotten mehrere 100 Fahrzeuge umfassen müssen, um Systemdienstleistungen bereitzustellen.

Der Stand der Forschung weist insgesamt auf mögliche Auswirkungen und Potentiale von E-Lkw im Energiesystem und die Notwendigkeit der Berücksichtigung in der Netzplanung hin. Jedoch sind die bisherigen Erkenntnisse aufgrund ihrer hohen Diversität und geringen Anzahl vergleichbarer Studien noch schwierig übertragbar. Im Rahmen dieser Arbeit wird daher ein übertragbares Verfahren zur Einbindung von E-Lkw-Laden in die Netz- und Energiesystemplanung entwickelt. Dazu wird zunächst eine Methodik zur Modellierung des Ladebedarfs von E-Lkw präsentiert (Kapitel 3). Mithilfe dieser Methodik werden die Ladebedarfe charakteristischer Flotten und Ladestandorte analysiert (Kapitel 4). Die Anwendbarkeit der Ladebedarfsmodellierung für probabilistische Netzanschlussbetrachtungen wird anhand dreier Fallstudien demonstriert (Kapitel 5). Schließlich werden Erkenntnisse und Empfehlungen für die Netz- und Energiesystemplanung abgeleitet. Diese ermöglichen es, die Ladebedarfsmodellierung und Kennwerte von deren Ergebnissen in beliebige Netzstudien zu integrieren (Kapitel 6).

3 Modellierungsansätze zur Berücksichtigung von E-Lkw im Energieversorgungssystem

Um die Auswirkungen einer Elektrifizierung des Straßengüterverkehrs auf das elektrische Energieversorgungssystem zu bestimmen, bedarf es neuer Modellierungsansätze, die die Berücksichtigung von E-Lkw in der Netz- und Energiesystemplanung erlauben. Die Grundlage bildet dafür die Modellierung des E-Lkw-Ladebedarfs. Je nach Einsatzzweck, wie Netzanschlussuntersuchung, Stromnetzberechnung oder Systemanalyse, werden unterschiedliche Informationen zum Ladebedarf benötigt.

Im Rahmen dieser Arbeit wurden daher zwei unterschiedliche Ansätze zur zeitreihenbasierten Ladebedarfsmodellierung von E-Lkw mit verschiedenen Einsatzzwecken entwickelt. Diese werden im Folgenden gegenübergestellt. Anschließend folgt eine nähere Beschreibung der Ladebedarfsmodellierung, der dafür notwendigen Eingangsdaten sowie eine Beschreibung der Einbindung der Ansätze in die Netz- und Energiesystemplanung. Erst letztere erlaubt eine Bestimmung der Auswirkungen von E-Lkw auf das elektrische Energiesystem und eine Ableitung von Empfehlungen für die Netz- und Energiesystemplanung mit E-Lkw, wie sie in dieser Arbeit erfolgen soll. Abbildung 3-1 zeigt die Einordnung der Ladebedarfsmodellierung in den Gesamtzusammenhang der Untersuchungen. Sie bildet damit die Basis für alle weiteren Analysen in dieser Arbeit.

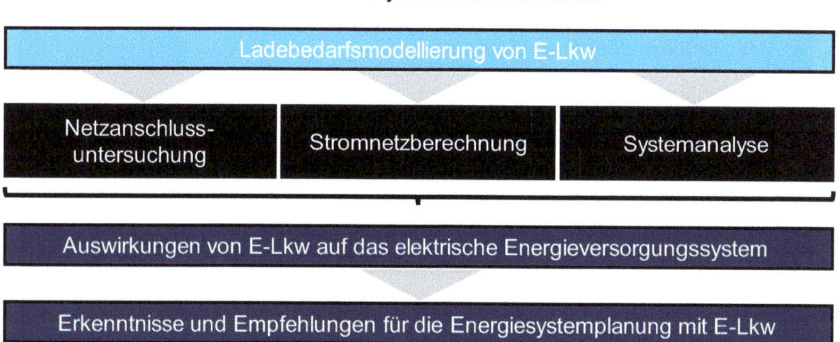

Abbildung 3-1: Einordnung der Ladebedarfsmodellierung von E-Lkw in den Zusammenhang der Untersuchungen und Ziele dieser Arbeit.

3.1 Übersicht der entwickelten Ansätze zur Ladebedarfsmodellierung von E-Lkw

Die verschiedenen Analysen der Netz- und Energiesystemplanung erfordern unterschiedliche Informationen zum Ladebedarf von E-Lkw. So ist für die Analyse der Auswirkungen von E-Lkw auf den Netzanschluss eines Logistikzentrums oder einer Autobahnraststätte die Kenntnis des lokalen Ladebedarfs aller an diesem Standort im Zeitverlauf ankommenden Fahrzeuge notwendig. Die Untersuchung des Flexibilitätspotentials einer E-Lkw Flotte auf regionaler Ebene erfordert wiederum zwar nicht unbedingt die standortscharfe Zuordnung des Ladebedarfs, jedoch die Kenntnis des zeitabhängigen Ladebedarfs jedes Fahrzeugs dieser Flotte an unterschiedlichen Ladestandorten.

Ein einzelnes Ladebedarfsmodell für beide Einsatzzwecke würde Mikrodaten des Mobilitätsverhaltens aller Lkw im Untersuchungsraum inklusive Zeit- und Ortsstempeln benötigen. Aus Datenschutzgründen sind derartige Daten, die das eindeutig identifizierbare räumliche und zeitliche Mobilitätsverhalten von Einzelfahrzeugen enthalten, nicht öffentlich verfügbar. Darüber hinaus wäre je nach Untersuchungsraum der Umgang mit solchen Rohdatenmengen für Anwenderinnen und Anwender aus Netz-, Energiesystem- und Ladeinfrastrukturplanung nicht zielführend. Im Rahmen dieser Arbeit wurden daher zwei Ladebedarfsmodelle entwickelt, die auf anonymisierten Daten von Lkw beruhen und dennoch sowohl eine übertragbare Modellierung von Ladestandorten als auch von Flotten erlauben:

- der standortbezogene Ansatz und
- der fahrzeugbezogene Ansatz.

Eine erste Gegenüberstellung der Ansätze erfolgte in [89][7], eine Vorstellung des standortbezogenen Ansatzes für ausgewählte Standorte in [90][8]. In den folgenden Unterkapiteln werden der Betrachtungsgegenstand und die Modellierungsschritte der Ansätze vergleichend thematisiert.

[7] Die beiden Ansätze zum Lkw-Laden sind eine Entwicklung der Autorin dieser Arbeit.

[8] Dabei handelt es sich ebenfalls um eine Entwicklung der Autorin dieser Arbeit.

3.1.1 Betrachtungsgegenstand

Der standortbezogene Ansatz, nachfolgend auch als lokaler Ansatz bezeichnet, ermöglicht die Modellierung des kumulierten Ladebedarfs aller an einem Ladestandort ankommenden E-Lkw. Der fahrzeugbezogene Ansatz wiederum dient der Modellierung des Ladebedarfs eines einzelnen Fahrzeugs an unterschiedlichen Ladestandorten, d.h. er ist multilokal. Abbildung 3-2 zeigt eine schematische Übersicht der beiden Ansätze hinsichtlich ihres Fokus und der unterschiedlichen resultierenden Ladeprofile. Ergebnis des standortbezogenen lokalen Ansatzes ist das lokale Gesamtladeprofil am Ladestandort L_1. Dagegen ist das Ergebnis des fahrzeugbezogenen multilokalen Ansatzes das multilokale Gesamtladeprofil eines Fahrzeugs F_1.

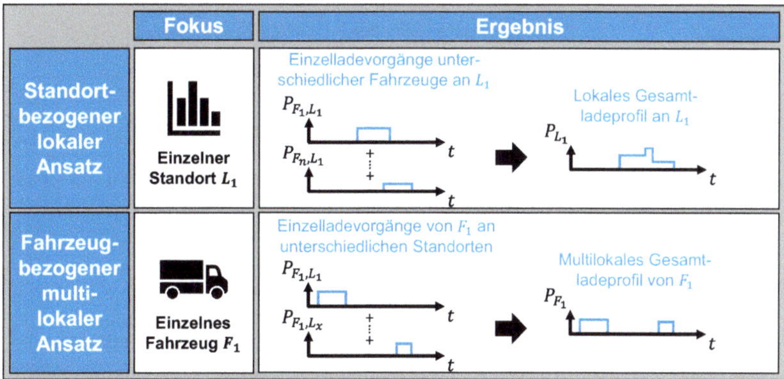

Abbildung 3-2: Gegenüberstellung der Ansätze zur Ladebedarfsmodellierung von E-Lkw hinsichtlich Fokus und Ergebnis.

Die Bestimmung des Ladebedarfs mittels des standortbezogenen lokalen Ansatzes ist in Gleichung (3-1) dargestellt. Das Gesamtladeprofil $\boldsymbol{P}_{L_1}$ des einzelnen Standorts L_1 wird aus der Aggregation der Einzelladevorgänge $\boldsymbol{P}_{F_j,L_1}$ aller n Fahrzeuge F_j an diesem Ladestandort ermittelt. Gleichung (3-2) zeigt die Bestimmung des Ladeprofils $\boldsymbol{P}_{F_1}$ des einzelnen Fahrzeugs F_1 als Summe aller Ladevorgänge des Fahrzeugs $\boldsymbol{P}_{F_1,L_j}$ an x verschiedenen Ladestandorten L_j im Rahmen des fahrzeugbezogenen multilokalen Ansatzes.

$$\boldsymbol{P}_{L_1} = \sum_{j=1}^{n} \boldsymbol{P}_{F_j,L_1} \tag{3-1}$$

Mit:			
	$\boldsymbol{P}_{L_1}$	Kumulierte Wirkleistungszeitreihe der Ladevorgänge aller n ankommenden Fahrzeuge am Ladestandort L_1	kW
	n	Anzahl der Fahrzeuge	-
	$\boldsymbol{P}_{F_j,L_1}$	Wirkleistungszeitreihe des Ladevorgangs eines Fahrzeugs F_j am Ladestandort L_1 mit $j \in \{1; \dots; n\}$	kW

$$\boldsymbol{P}_{F_1} = \sum_{j=1}^{x} \boldsymbol{P}_{F_1,L_j} \tag{3-2}$$

Mit:			
	$\boldsymbol{P}_{F_1}$	Kumulierte Wirkleistungszeitreihe der Ladevorgänge eines Fahrzeugs F_1 an x verschiedenen Ladestandorten	kW
	x	Anzahl der Ladestandorte	-
	$\boldsymbol{P}_{F_1,L_j}$	Wirkleistungszeitreihe des Fahrzeugs F_1 am Ladestandort L_j mit $j \in \{1; \dots; x\}$	kW

In den folgenden beiden Unterabschnitten werden die notwendigen Modellierungsschritte und Daten zur Generation der beschriebenen Ladeprofile für beide Ansätze erläutert.

3.1.2 Modellierungsablauf im standortbezogenen Ansatz

Abbildung 3-3 zeigt den Ablauf zur Modellierung des lokalen Ladebedarfs an einem festen Standort. Der Ablauf besteht aus vier Schritten:

1. Modellierung des Ladestandorts,
2. Erzeugung der am Ladestandort ankommenden E-Lkw-Flotte,
3. Bestimmung des lokalen Ladebedarfs sowie
4. Erstellung der Ladeprofile.

Ergebnis des standortbezogenen Ansatzes ist das lokale Gesamtladeprofil des Ladebedarfs von E-Lkw an einem Standort. Auf die konkreten Inhalte der Modellierungsschritte wird ausführlich im Rahmen von Kapitel 3.3 eingegangen. Für die Modellierung werden fünf unterschiedliche Typen von Input-Daten benötigt. Die Modellkonfiguration und die Laderestriktionen spezifizieren u.a. den Simulationszeitraum, die Größe des Ladestandorts, technische Parameter zur verfügbaren Ladeinfrastruktur sowie das Ladeverhalten der Fahrzeuge. Darüber hinaus sind

Daten zu den Standortmerkmalen typischer Ladestandorte von E-Lkw (Ankunft- und Abfahrtverhalten), Fahrzeugparameter von E-Lkw (Reichweite und Batteriekapazität) sowie Mobilitätsdaten (nach und vor Ankunft am Ladestandort zurückgelegte Strecken) erforderlich. Mithilfe der standortbezogenen Ladebedarfsmodellierung kann für jeden am Standort ankommenden Lkw ein Ladebedarf und daraus ein Ladeprofil erstellt werden, das sich zum lokalen Gesamtladeprofil des Standorts aggregieren lässt.

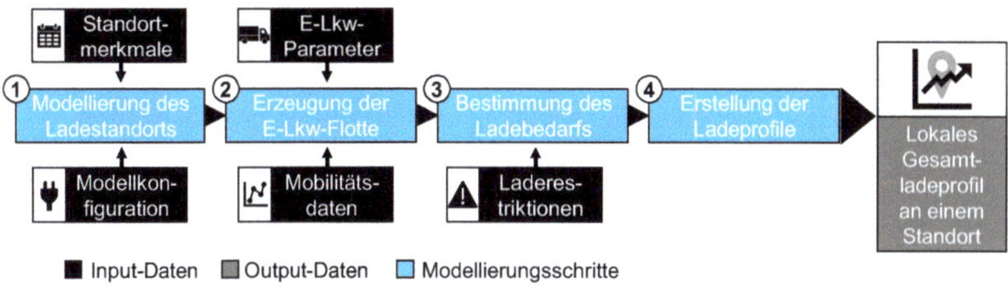

Abbildung 3-3: Ablauf der Modellierungsschritte des standortbezogenen lokalen Ansatzes zur zeitreihenbasierten Ladebedarfsmodellierung.

3.1.3 Modellierungsablauf im fahrzeugbezogenen Ansatz

Dem Ablauf zur Generation lokaler Ladeprofile steht in Abbildung 3-4 der Ablauf zur Erzeugung fahrzeugbezogener multilokaler Ladeprofile gegenüber. Auch dieser Ansatz lässt sich in vier Modellierungsschritte untergliedern:

1. Nachbildung des Mobilitätsverhaltens des betrachteten Fahrzeugs,
2. Elektrifizierung der Fahrtenkette des Fahrzeugs,
3. Bestimmung des mulitlokalen Ladebedarfs sowie
4. Erstellung des Ladeprofils.

Ergebnis des fahrzeugbezogenen Ansatzes ist das multilokale Gesamtladeprofil des Ladebedarfs eines E-Lkw an mehreren Standorten. Der genaue Inhalt der Modellierungsschritte ist Gegenstand von Kapitel 3.4. Auch für den fahrzeugbezogenen Ansatz werden als Input-Daten Mobilitätsdaten und E-Lkw-Parameter benötigt. Die Modellkonfiguration und Laderestriktionen umfassen Informationen zu Art und Anzahl der Fahrzeuge in der zu modellierenden Flotte, Simulationszeitraum, Arten der Zufallsziehung bei der Fahrtenkettengenerierung sowie Restriktionen zu Ladeinfrastrukturverfügbarkeit und gesetzlichen Rahmenbedingungen.

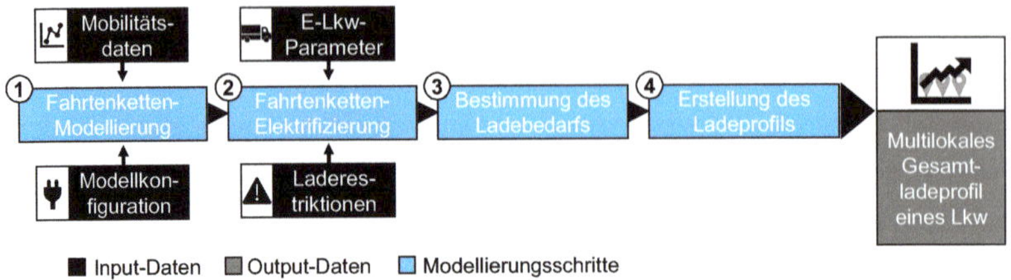

Abbildung 3-4: Ablauf der Modellierungsschritte des fahrzeugbezogenen multilokalen Ansatzes zur zeitreihenbasierten Ladebedarfsmodellierung.

In den folgenden Kapiteln werden zunächst die Input-Daten thematisiert, ehe die beiden Ladebedarfsmodellierungsansätze ausführlicher vorgestellt werden.

3.2 Darstellung der genutzten Input-Daten

Im Rahmen dieses Kapitels wird auf die genutzten Input-Daten für die beiden Ansätze der Ladebedarfsmodellierung eingegangen. Grob untergliedert kann dabei zwischen zwei Arten von Datensätzen unterschieden werden:

- individuelle Input-Daten, die durch die Nutzerinnen und Nutzer der Modellierung individuell für ihre Betrachtungsgegenstände vorgegeben werden,
- allgemeine Input-Daten basierend auf historischen Datensätzen, die für alle Untersuchungen genutzt werden.

Bei der Modellkonfiguration und den Laderestriktionen handelt es sich um individuelle Input-Daten. Auf diese wird in den ersten beiden Unterkapiteln eingegangen, ehe die allgemeinen Input-Daten: E-Lkw-Parameter, Mobilitätsdaten und Standortmerkmale thematisiert werden.

3.2.1 Modellkonfiguration

Die notwendigen Eingaben von Seiten der Anwenderinnen und Anwender in die Ladebedarfsmodellierung sind in Tabelle 3-1 zusammengefasst. Es wird zwischen allgemeinen Eingaben, die sowohl für den standortbezogenen als auch für den fahrzeugbezogenen Ansatz benötigt werden, sowie modellspezifischen Eingaben unterschieden. Allgemein muss der gewünschte Simulationszeitraum mit Start- und Enddatum sowie die betrachtete Region zur korrekten Bestimmung der Typtage angegeben werden. Außerdem ist die Wahl der Art des gewünschten

Ladebedarfsmodells erforderlich. Bei der Modellierung der Lkw kann entschieden werden, ob reale Fahrzeugmodelle zufällig oder in wiederholbarer Reihenfolge aus dem Fahrzeugparameterdatensatz gezogen werden sollen, oder ob feste Fahrzeugparameter je Lkw-Gewichtsklasse angenommen werden.

Tabelle 3-1: Übersicht möglicher Modellkonfigurationen für die Lkw-Ladebedarfsmodellierung.

Art	Parameter	Wert
Allgemeine Eingaben	Startdatum	Beliebiges Datum
	Enddatum	Beliebiges Datum
	Ladebedarfsmodell	{standortbezogen; fahrzeugbezogen}
	Land und Region	EU-weit frei wählbar
	Fahrzeugziehung	{zufällig, wiederholbar, feste Parameter}]
Spezifikation Standort	Standorttyp	{Autobahnraststätte, Logistikzentrumstyp}
	Standortgröße	Anzahl Parkplätze oder Hallenfläche / ha
	Streckenziehung	{zufällig, wiederholbar, feste Parameter}
	Anteil Fahrzeuge (optional)	Anteil der Lkw-Gewichtsklassen 3,5 t, 7,5 t, 18 t, >18 t an Regional- und Fernverkehr
Spezifikation Flotte	Anzahl Fahrzeuge	Anzahl der Lkw-Gewichtsklassen 3,5 t, 7,5 t, 18 t, >18 t in der betrachteten Flotte

Bei Wahl des fahrzeugbezogenen Ansatzes muss die zu modellierende Flotte hinsichtlich der Anzahl und Gewichtsklasse der betrachteten Lkw spezifiziert werden. Beim standortbezogenen Ansatz muss der Typ des Standorts, d.h. Autobahnraststätte oder Logistikzentrumstyp, sowie dessen Größe angegeben werden. Das Mobilitätsverhalten der Fahrzeuge kann über Angaben zur Streckenziehung angepasst werden. Hier ist neben der zufälligen oder wiederholbaren Ziehung realer Fahrtendaten auch die Vorgabe fester Fahrtstrecken je nach Lkw-Gewichtsklasse möglich. Der Anteil der Fahrzeuge und deren Einsatz im Regional- oder Fernverkehr muss nicht vorgegeben werden, da er durch die Merkmale des Standorttyps festgelegt ist, kann aber bei Bedarf ebenfalls modifiziert werden.

3.2.2 Laderestriktionen

Die resultierenden Ladeprofile sind abhängig von den Vorgaben von Laderestriktionen. Diese umfassen Restriktionen zur Ladeinfrastruktur, den Ladevorgängen selbst, der Ladeenergie, der Ladestrategie sowie den Lenkzeiten. Tabelle 3-2 zeigt eine Übersicht der fünf Restriktionskategorien sowie der zugeordneten Parameter und deren mögliche Werte.

Tabelle 3-2: Übersicht der berücksichtigten Laderestriktionen sowie ihrer Parameter und möglicher Werte.

Restriktion	Parameter	Mögliche Werte
Ladeinfra-struktur	Maximale Ladeleistung / kW	frei wählbar
	Verfügbarkeit / -	zwischen 0 und 1
Ladevor-gang	Ladewirkungsgrad / -	zwischen 0 und 1
	Leistungsfaktor / -	zwischen 0 und 1
	Regelbarkeit / -	{stufenlos; gestuft}
	Ladekurvenform / -	{konstant; CCCV}
Ladeenergie	Soll-Ankunfts-SOC / -	{fester Wert; anhand zuvor gefahrener Strecke}
	Soll-Ziel-SOC / -	{fester Wert; anhand danach gefahrener Strecke}
Ladestrate-gie	Ladeverhalten / -	{sofort; verzögert; gleichmäßig; flexibel}
	Mehrbedarfsdeckung / -	{Standzeitverlängerung; Zwischenladen}
Lenkzeiten	Max. tägliche Arbeitszeit / h	frei wählbar
	Tägliche Pausenzeit / h	frei wählbar
	Spätester Pausenbeginn / h	frei wählbar
	Tägliche Ruhezeit / h	frei wählbar
	Wochenarbeitszeit / h	frei wählbar

Hinsichtlich der Ladeinfrastruktur können unterschiedliche maximale verfügbare Ladeleistungen je Ladepunkt anlehnend an den Stand der Technik oder gemäß Entwicklungsperspektiven berücksichtigt werden. Auch eine Variation der Verfügbarkeit von Ladeinfrastruktur für die ankommenden Lkw ist möglich. Dabei gibt die Verfügbarkeit beim standortbezogenen Ansatz an, für welchen Anteil der ankommenden Lkw tatsächlich Ladeinfrastruktur vorhanden ist. Beim fahrzeugbezogenen Ansatz steht sie für den Anteil der Ladestandorte mit Ladeinfrastruktur für das Fahrzeug. Bezüglich des Ladevorgangs können Ladewirkungsgrad, Leistungsfaktor, Regelbarkeit und Ladekurvenform modifiziert werden. In der Literatur wird für den Ladewirkungsgrad meist ein Wert zwischen 0,9 [21] und 0,97 [84] gewählt. Messungen von Ladevorgängen zeigen in [91] Werte zwischen 0,92 und 0,93 beim DC- und 0,86 bis 0,91 beim AC-Laden. Anlehnend an [22] wird in dieser Arbeit 0,95 angenommen. Dasselbe gilt für den Leistungsfaktor. Die Form der Ladekurve hängt stark vom betrachteten State of Charge- (SOC-) Bereich, der Ladeleistung und dem Fahrzeugtyp ab [91], [92]. Daher ist ein allgemeingültiger Ansatz hierfür fraglich. Denkbar ist die Annahme einer konstanten Ladekurve oder die Berücksichtigung eines Constant Current Constant Voltage- (CCCV)-Verfahrens [79][9].

Die benötigte Ladeenergie ist neben der Batteriekapazität des Fahrzeugs abhängig vom erwarteten SOC des Lkw bei der Ankunft am Ladestandort und vom Ziel-SOC bei der Abfahrt. Die Ziel-Ladezustände der Batterie können entweder auf feste Werte gesetzt werden oder abhängig von der nach dem Ladestopp zu fahrenden Strecke bestimmt werden. Bei der Bereitstellung der Ladeenergie ist die Ladestrategie entscheidend. Dabei wird festgelegt, wie ein Mehrladebedarf in der begrenzten Standzeit gedeckt wird: durch Verlängerung der Standzeit oder Zwischenladen an einem zusätzlichen Stopp. Zudem wird das Ladeverhalten variiert.

Abbildung 3-5 zeigt die Variation der Ladeprofile abhängig von unterschiedlichen Ladeverhalten unter Berücksichtigung des Anwesenheitsprofils der Fahrzeuge. Dabei wird zwischen vier Ladeverhalten unterschieden:

- sofortiges Laden,
- verzögertes Laden,
- gleichmäßiges Laden,
- flexibles Laden.

Alle Ladeverhalten haben gemein, dass zum Ende der Standzeit der Ziel-SOC des Fahrzeugs gedeckt sein muss. Sie variieren jedoch in ihrem Weg zu diesem Ziel. Beim sofortigen Laden lädt der Lkw direkt bei Ankunft am Ladestandort mit der dort maximal verfügbaren Ladeleistung je Ladepunkt $P_{\max}$. Dadurch kann der Ladevorgang schon deutlich vor Ende der Standzeit beendet sein. Beim verzögerten Laden wird der Ladevorgang mit maximal verfügbarer Ladeleistung je Ladepunkt $P_{\max}$ so spät gestartet, dass er mit Ende der Standzeit beendet ist. Während bei diesen beiden Ladeverhalten stets mit maximaler Ladeleistung geladen wird, ist dies beim gleichmäßigen und flexiblen Laden nicht der Fall. Beim gleichmäßigen Laden wird mit der minimal notwendigen Ladeleistung $P_{\min}$ geladen.

---

[9] Im Rahmen dieser Veröffentlichung der Autorin dieser Dissertation wurde das CCCV-Ladeverfahren für das Laden von Pkw am Arbeitsplatz angewendet. Aufgrund der begrenzten Standzeiten der Lkw und der zeitkritischen logistischen Prozesse ist eine derartige Verzögerung der Ladevorgänge durch die Leistungsreduktion in der Logistik-Praxis nicht tolerierbar. Es wird im Rahmen dieser Arbeit daher davon ausgegangen, dass durch eine herstellerseitig größer als angegeben dimensionierte Batterie die Reduktion der Leistung am Ladevorgangsende für Lkw vermieden wird.

Dabei handelt es sich um die Leistung, die gleichmäßig während der Standzeit des Lkw erbracht werden muss, um den Ziel-SOC des Fahrzeugs zu erreichen. Beim flexiblen Laden kann die Ladeleistung während der Standzeit beliebig variiert werden unter der Prämisse, dass dennoch der Ziel-SOC erreicht wird und eine Mindestladung im Fahrzeug verbleibt. Dies beinhaltet demnach auch bidirektionale Ladevorgänge.

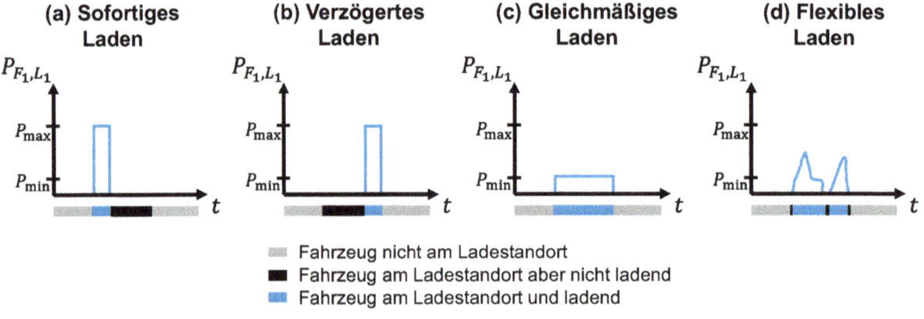

Abbildung 3-5: Übersicht der resultierenden Ladeprofile aus den unterschiedlichen Ladeverhalten basieren auf dem Anwesenheitsprofil der Fahrzeuge.

Die bereits in 2.1.1 thematisierten gesetzlichen Rahmenbedingungen für die Lenkzeiten von Lkw über 3,5 t werden über die Laderestriktionen zu den Lenkzeiten berücksichtigt. Sie limitieren beim fahrzeugbezogenen Ansatz die Fahr- und Pausenzeiten der Fahrzeuge. Bei der Festlegung dieser Werte ist eine Orientierung an den gesetzlichen Rahmenbedingungen empfehlenswert. In dieser Arbeit wird für die maximal tägliche Arbeitszeit 9 Stunden für die tägliche Pausenzeit 0,75 Stunden, für den spätesten Pausenbeginn 4 Stunden, für die Ruhezeit 11 Stunden und für die maximale Wochenarbeitszeit 48 Stunden angenommen.

3.2.3 E-Lkw-Parameter

Für die Modellierung des Ladebedarfs sind Informationen zu den Verbrauchs- und Reichweiteneigenschaften realer E-Lkw-Modelle notwendig. Abbildung 3-6 zeigt die Batteriekapazität und Reichweite von 60 E-Lkw Modellen basierend auf der Aktualisierung der Marktanalyse aus [93][10], in Abhängigkeit des zulässigen Gesamtgewichts der Fahrzeuge. Es ist zu erkennen, dass mit steigender Gewichtsklasse höhere Batteriekapazitäten verbaut werden. Dies liegt nicht nur an höheren

[10] Die beschriebene Marktanalyse wurde von der Autorin dieser Dissertation durchgeführt.

Verbräuchen aufgrund der Fahrzeugmasse, sondern auch ansteigenden Fahrzeugreichweiten für Einsätze im Fernverkehr. Mittels der Ziehung der gleichverteilten Lkw-Modelle aus diesem Datensatz können den im Rahmen der Ladeprofilmodellierung simulierten Lkw realitätsnahe Fahrzeugparameter zugewiesen werden.

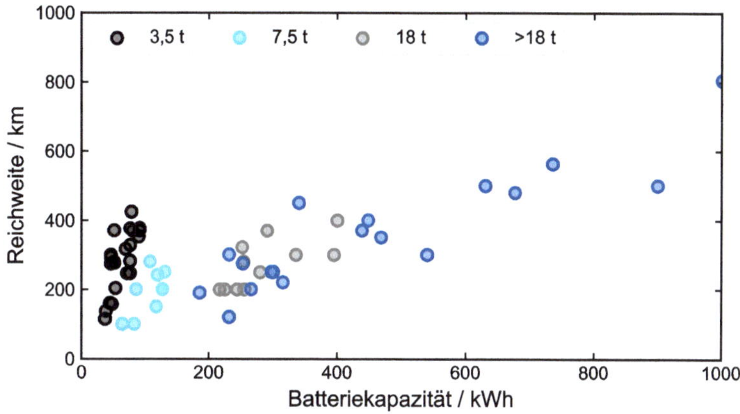

Abbildung 3-6: Übersicht der Batteriekapazität und Reichweite 60 realer E-Lkw Modelle basierend auf einer Marktanalyse.

Zum Zeitpunkt der Erstellung dieser Arbeit befindet sich der Markthochlauf von E-Lkw in einem Anfangsstadium. Es ist erkennbar, dass die Reichweitenangaben der Hersteller bei gleichen Gewichtsklassen und Batteriekapazitäten unterschiedlich ausfallen. Umfangreiche Praxisdaten zum tatsächlichen Verbrauch der Fahrzeuge sind jedoch noch kaum vorhanden. Daher werden zwar in dieser Arbeit die Herstellerangaben für die Berechnungen genutzt, zur Bewertung der Genauigkeit der Ergebnisse jedoch zusätzlich eine Sensitivitätsanalyse zu den Auswirkungen veränderter Fahrzeugparameter durchgeführt.

3.2.4 Mobilitätsdaten

Zur Bestimmung des Ladebedarfs der E-Lkw müssen die vorgestellten Fahrzeugparameter mit den gefahrenen Strecken der Lkw kombiniert werden. Dazu sind Mobilitätsdaten notwendig. Während für den standortbezogenen Ansatz nur die Streckenlängen der Einzelfahrten benötigt werden, sind für den fahrzeugbezogenen Ansatz zusätzlich der Zusammenhang der Einzelfahrten als Fahrtenketten sowie deren Zeitcharakteristik nötig. In allen Fällen handelt es sich bei den benötigten Daten um sogenannte Mikrodaten, d.h. Datensätze, welche einzelnen Fahrzeugen zugewiesen werden können. Im Gegensatz zu kumuliert zusammengefassten Makrodaten, sind diese oft nicht öffentlich verfügbar.

Im Bereich des deutschen Straßengüterverkehrs ist das Angebot an Mikrodaten begrenzt. Für den Einsatzzweck dieser Arbeit konnten zwei Datensätze identifiziert werden: Mobilitätsdaten aus zwei Ausgaben der Studie „Kraftfahrzeugverkehr in Deutschland" (KiD[11]) [94], [95] sowie Mobilitätsdaten der „Erhebung über den europäischen Güterkraftverkehr" (ERFT[12]) [96]. Eine Übersicht von deren Inhalten zeigt Tabelle 3-3.

Tabelle 3-3: Übersicht der Eigenschaften KiD- und ERFT-Mikrofahrtendatensätze des deutschen Straßengüterverkehrs.

	KiD	ERFT
Zeitraum	2002 und 2010	2011 – 2020
Inhalt	Deutscher Straßenwirtschaftsverkehr	Europäischer Güterstraßenverkehr
Fahrzeuge	147.000, davon Lkw-Gütertransport: 25.000	1,4 Mio.*, davon alle im Lkw-Gütertransport
Fahrten	236.000, davon Gütertransport: 93.000	12,0 Mio.*, davon Gütertransport: alle
Zeitstempel	Vorhanden	Nicht vorhanden
Fahrtenketten	Vorhanden	Nicht vorhanden
Geodaten	Quell-/Zieladresse (teilw. Koordinaten, teilw. Gemeindekennziffer)	Quell-/Zieladresse (NUTS 3 Ebene, Landkreis)

* Für Deutschland, Fahrten in ERFT nach be-/entladen in Deutschland gefiltert

Die Vorteile des ERFT-Datensatzes sind der deutlich größere Fahrzeugumfang und die höhere Aktualität der Fahrtendaten. Im Gegensatz zum KiD-Datensatz sind jedoch keine Zusammenhänge zwischen den Einzelfahrten (Fahrtenketten) und keine zeitlichen Kenngrößen erfasst. Dies ist gerade für den fahrzeugbezogenen Ansatz ein Ausschlusskriterium. Der KiD-Datensatz ist weniger

[11] Datenquellen: Kraftfahrzeugverkehr in Deutschland 2010, Bundesministerium für Verkehr und digitale Infrastruktur, Braunschweig, 2012; Kraftfahrzeugverkehr in Deutschland 2002, Bundesministerium für Verkehr und digitale Infrastruktur, Braunschweig, 2003

[12] Diese Dissertation basiert auf Daten von Eurostat, European Road Freight Transport Survey, 2011-2020. Die Verantwortung für alle aus den Daten gezogenen Schlussfolgerungen liegt ausschließlich bei der Autorin.

umfangreich und weniger aktuell[13], enthält jedoch im Gegensatz zum ERFT-Datensatz Zeitstempel und Fahrtenketten. Auch hinsichtlich der betrachteten Fahrzeugklassen unterscheiden sich die Datensätze. Während im KiD-Datensatz alle Fahrzeugklassen mit einem Schwerpunkt auf leichten Lkw vertreten sind, liegt der Schwerpunkt im ERFT-Datensatz auf schweren Lkw.

Ein ausführlicherer Vergleich der Datensätze ist im Anhang C aufgeführt. Dieser kommt zu dem Fazit, dass die zurückgelegten Fahrtdistanzen je Gewichtsklasse in den Datensätzen trotz unterschiedlicher Betrachtungsjahre vergleichbar sind. Für den fahrzeugbezogenen Ansatz ist aufgrund der notwendigen Zeitstempel nur der KiD-Datensatz geeignet. Für den standortbezogenen Ansatz eignen sich beide Datensätze, diese könnten aufgrund der unterschiedlichen Schwerpunkte an Lkw-Gewichtsklassen auch als Datenquellen kombiniert werden.

Abbildung 3-7 und Abbildung 3-8 ermöglichen einen zusammenfassenden Überblick über die in dieser Dissertation genutzten Mobilitätsdaten der KiD-Studien. Während in Abbildung 3-7 der Fokus auf der Verteilung der Fahrtenlänge, täglicher Fahrtanzahl, täglicher Fahrleistung sowie täglicher Fahrdauer liegt, stellt Abbildung 3-8 die Zeitcharakteristik der Fahrten dar. Ebenso wie die Fahrtenlängen steigt auch die tägliche Fahrleistung und Fahrdauer mit zunehmender Gewichtsklasse, während die Anzahl an Fahrten sinkt. Die Anzahl der Fahrten ist nicht mit der Fahrtenlänge in die tägliche Fahrleistung umrechenbar, da bei der Anzahl im KiD-Datensatz einzelne Fahrten in mehrere Fahrtabschnitte unterteilt wurden. Je schwerer die Fahrzeuge desto früher starten die Fahrten und desto später enden sie. Durch einige nicht bewegte Fahrzeuge im Datensatz bleibt die Fahrwahrscheinlichkeit im Fahrzeugpool stets unter einem Wert von 0,5. Eine Betrachtung der Aufenthaltsorte im Tagesverlauf der Fahrzeuge ist im Anhang C in Abbildung 9-4 dargestellt.

[13] Auf eine Nachfrage nach einer geplanten Aktualisierung der KiD-Studie beim zuständige Referat G 13 - Prognosen, Statistik und Sondererhebungen beim Bundesministerium für Digitales und Verkehr erhielt die Autorin zwar eine Bestätigung der Notwendigkeit, jedoch einen noch nicht absehbaren Umsetzungszeitpunkt.

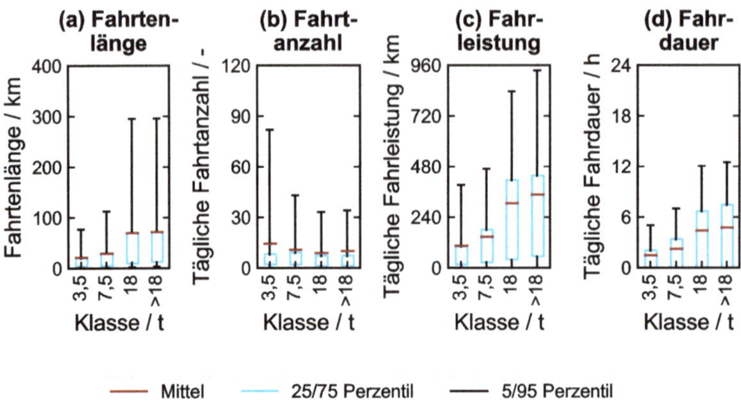

Abbildung 3-7: *Verteilung von Einzelfahrtenlänge, täglicher Anzahl an Fahrten, täglicher Gesamtfahrleistung und täglicher Gesamtfahrdauer der Fahrzeuge im Straßengütertransport des KiD-Datensatzes unterschieden nach Gewichtsklassen.*

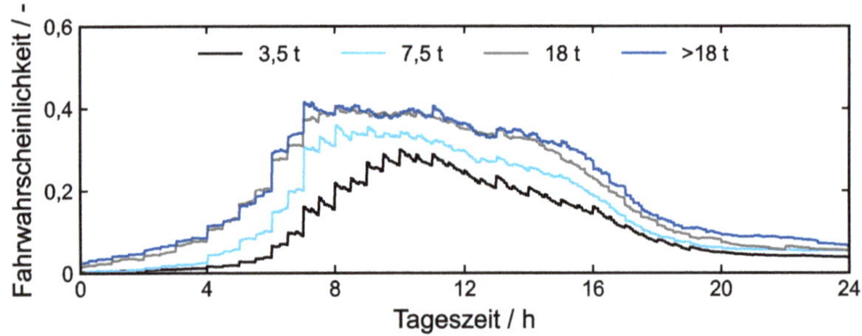

Abbildung 3-8: *Mittlerer täglicher Verlauf der Fahrwahrscheinlichkeit für Fahrzeuge des Straßengütertransport aus dem KiD-Datensatz unterschieden nach Gewichtsklassen.*

Die Einzelfahrtenlängen sowie die täglichen Fahrleistungen verdeutlichen im Vergleich zu den Fahrzeugparametern in Abbildung 3-6 die Machbarkeit vieler Strecken durch bereits heute verfügbare E-Lkw-Modelle. Auch aus zeitlicher Sicht zeigt die Fahrdauer, dass ausreichend Zeitslots zum Nachladen der E-Lkw-Fahrzeugbatterien vorhanden sind. Um auch längeren Strecken des grenzübergreifenden Verkehrs Rechnung zu tragen, wird in dieser Arbeit ein weiteres Fahrstreckenszenario abgebildet: Fahrstrecken von 360 km. Diese kommen durch die

Richtgeschwindigkeit von Lkw auf Autobahnen von 80 km/h sowie die maximal gesetzlich erlaubte Fahrzeit ohne Pause von 4,5 h zustande.

3.2.5 Standortmerkmale von Logistikzentren

Für den standortbezogenen Ladebedarfsmodellierungsansatz werden neben den E-Lkw-Parametern und Mobilitätsdaten Merkmale typischer Lkw-Standorte benötigt. Basierend auf der Analyse aus 2.1.3 liegt der Fokus auf unterschiedlichen Logistikzentren und auf dem Laden an Verkehrsachsen an Autobahnraststätten. Daher sind in diesem Unterkapitel Standortmerkmale von Logistikzentren aufgeführt, ehe in 3.2.6 auf Merkmale von Autobahnraststätten eingegangen wird.

Aufgrund der hohen Diversität in der Logistikbranche können sich die Eigenschaften und Verkehrsaufkommen von Logistikzentren unterscheiden, je nachdem, welche logistischen Funktionen sie erfüllen. Als Datenbasis für die Modellierung unterschiedlicher Logistikstandorte dient die in [28] entwickelte Abschätzung der Verkehrsnachfrage von Logistikzentren. Darin wurden Standard-Typen der Logistikflächennutzung entwickelt, für die mithilfe charakteristischer Parameter, wie Beschäftigtenzahl, Hallenfläche oder Nettobauland, das Verkehrsaufkommen an diesen Standorten quantifiziert werden kann[14]. Dieses Verkehrsaufkommen in Form von Flottendaten und Zeitcharakteristik des Ladestandorts fließt in die Ladestandortmodellierung aus 3.3.1 ein. Tabelle 3-4 zeigt eine Übersicht der in dieser Arbeit genutzten Sub-Typen von Logistikzentren: Regionale Distributionslager, regionale Stückgutdepots, Speditions-/Kontraktlogistikzentren im Landverkehr sowie reine Lagerbetriebe. Zur besseren Verständlichkeit werden diese Typen im Rahmen dieser Arbeit als Distributionszentrum, Stückgut-Depot, Spedition und Lager bezeichnet. Zusätzlich wird als fünfter Sub-Typ im Unterschied zu [28] ein Kurier-, Express-, Paketdienstleister- (KEP-)Depot als Unterkategorie des regionalen Stückgutdepots eingeführt. Jeder Sub-Typ verfügt über charakteristische Nutzungs- und Verkehrskennwerte, die in Tabelle 3-5 zusammengefasst sind.

---

[14] Generell hängt das Verkehrsaufkommen von Logistikzentren neben dem Typ auch von der Lage ab. Je größer die Entfernung von Ballungsräumen, desto geringer das Verkehrsaufkommen und desto höher die Fahrleistung. Da in dieser Dissertation jedoch verallgemeinerte Ansätze für die Netzplanung mit E-Lkw entwickelt werden, wird dieses Thema nicht näher betrachtet.

Tabelle 3-4: Übersicht der vier in dieser Arbeit betrachteten Standard-Typen von Logistikzentren und deren Charakteristik nach [28] sowie deren Bezeichnung in dieser Arbeit.

Typ	Sub-Typ	Bezeichnung	Charakteristik
Distributionslager	Regionales Distributionslager	Distributionszentrum	Distributionslager des Einzelhandels zur Belieferung regionaler Filialen und Distributionslager von Großhändlern zur Belieferung von Handel und Gastronomie
Logistikzentrum Stückgut	Regionales Depot	Stückgut-Depot	Konsolidierung von Sendungen auf regionaler Ebene für Hauptläufe
Speditions-/Kontraktlogistikzentrum	Landverkehre	Spedition	Regionale Speditionen, die viele verschiedene Logistikleistungen anbieten
Transport-/Lagerdienste	Lagerbetrieb	Lager	Zwischen- oder Pufferlager oft im Rahmen von Kontraktlogistik.

Tabelle 3-5: Zusammenfassung der Nutzungs- und Verkehrskennwerte von Logistikzentrums-Subtypen. Daten aus [28].

	Nutzungskennwerte			**Verkehrskennwerte**[15]				
Bezeichnung	Nettobauland / ha	Hallenfläche / ha	Beschäftigte / -	Lkw-Fahrten / ha-Hallenfläche und Werktag	Fernverkehrsanteil / %		Regionalverkehrsanteil / %	
					Lkw ≤ 7,5 t / %	Lkw > 7,5 t / %	Lkw ≤ 7,5 t / %	Lkw > 7,5 t / %
Distributionszentrum	2 – 5	0,5 – 2	100 – 200	162	40		60	
					0	100	10	90
Stückgut-Depot[16]	2 – 5	0,5 – 1	100 – 200	537	40		60	
					0	100	0	100
Spedition	1 – 8	< 2	niedrig dreistellig	166	40		60	
					0	100	0	100
Lager	0,5 – 5	0,6 – 1	< 30	73	25		75	
					0	100	10	90

15 In dieser Arbeit wird im Gegensatz zu [28] zwischen vier statt zwei Lkw-Fahrzeugtypen unterschieden. Die jeweiligen Fahrzeuganteile in Tabelle 3-5 werden dazu hälftig auf die zugrundeliegenden Fahrzeugtypen aufgeteilt: Lkw unter 7,5 t in Lkw unter 3,5 t sowie Lkw zwischen 3,5 t und 7,5 t. Lkw über 7,5 t in Lkw bis 18 t und Lkw über 18 t.

16 Eine Sonderform regionaler Depots des Stückgutverkehrs sind regionale Depots von KEP-Dienstleistern. Bei diesen werden deutlich kleinere Sendungen transportiert. Daher erfolgt das Einsammeln oder Verteilen der Sendungen mit Transportern anstelle von Lkw. Für diese wird im Rahmen dieser Arbeit eine Sonderform des regionalen Depots eingeführt, welches sich vom Standardtyp des regionalen Depot lediglich durch einen Einsatz von 100% Lkw ≤ 7,5 t im Regionalverkehr unterscheidet.

Eine Übersicht aller Standard-Typen aus [28] ist in Tabelle 9-1 im Anhang B aufgeführt. Abhängig vom Sub-Typ kann den Zentren ein werktägliches Fahraufkommen von Lkw in Abhängigkeit der Hallenfläche zugewiesen werden. Auch eine Zuordnung des Anteils der Fahrzeuggrößenklassen und deren Einsatz in Fern- oder Nahverkehr ist möglich. Für die Ermittlung der Zeitcharakteristik der am Logistikzentrum ankommenden Fahrzeuge können die Tagesganglinien aus Abbildung 3-9 verwendet werden. Darin ist abhängig vom Logistikzentrumstyp dargestellt, zu welchem Zeitpunkt welcher Anteil der Ein- und Ausfahrten der Lkw am Standort stattfindet. Dabei sind die Ein- und Ausfahrten durch die Eingangsdatenauflösung in 3 h-Intervallen[17] angegeben.

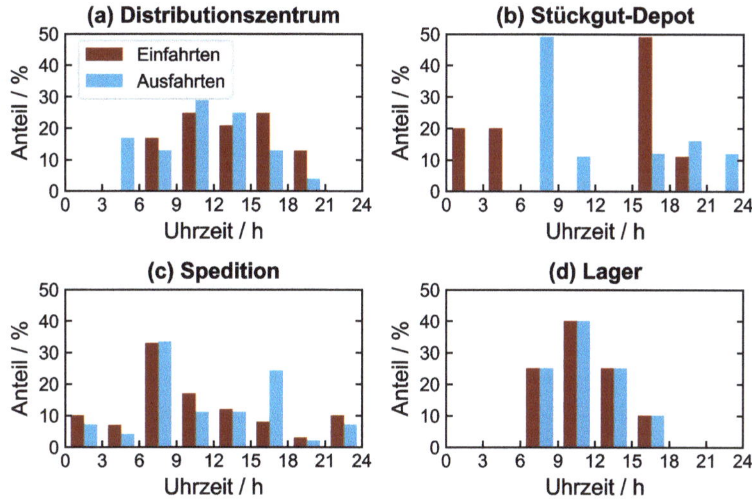

Abbildung 3-9: Tagesganglinien der täglichen Ein- und Ausfahrten durch Lkw an den vier betrachteten Logistikzentrums-Subtypen. Daten aus [28].

Auch hier zeigen sich zwischen den verschiedenen Typen deutliche Unterschiede. Während Distributionszentren und Lager nur tagsüber angefahren werden, weisen Stückgut-Depots und Speditionszentren auch nächtliche Ein- und Ausfahrten auf. Außerdem sind hier deutliche Ein- und Ausfahrspitzen morgens und abends zu erkennen. Weitere Nutzungskennwerte und Tagesganglinien

[17] Die dreistündige Auflösung der Daten beruht auf der verfügbaren Auflösung in der Datenquelle [28].

anderer Logistikzentrumstypen sind im Anhang B in Tabelle 9-2 und Abbildung 9-1 aufgeführt. Die aus [28] extrahierten Daten erlauben die Ableitung der Standortmerkmale für Logistikzentren und liefern sowohl Informationen zur Art und Anzahl der ankommenden Fahrzeuge als auch zur Zeitcharakteristik des Ladestandorts, wie Ankunfts-, Abfahrts- und Verweilzeit der Fahrzeuge für die Modellierung.

3.2.6 Standortmerkmale von Autobahnraststätten

Ein weiterer wichtiger Standort von Lkw zur Überbrückung von Pausen und damit zukünftig auch zum Laden in längeren Transporten im Fernverkehr sind bewirtschaftete und unbewirtschaftete Rastanlagen, d.h. Autobahnraststätten und Rastplätze, sowie Autohöfe. In Deutschland gibt es rund 440 Autobahnraststätten, 1500 Rastplätze sowie 230 Autohöfe [97]. Eine historische Parkplatzbelegung an Raststätten ist oft als Datensatz nicht verfügbar, obwohl sie von besonderer Bedeutung für die zukünftige Auslegung von Lkw-Stellplätzen ist. Zählungen auf deutschen Autobahnen finden in der Regel nur auf Straßenabschnitten und nicht an Raststättenausfahrten statt. So konnte bisher die Verweildauer und das Zeitverhalten der Lkw an Autobahnraststätten nur grob abgeschätzt werden. In [98] wurden im Jahr 2008 Lkw-Parkplatzbelegungen durch manuelle Verkehrszählungen von wenigen Tagen an Autobahnraststätten in Thüringen erfasst. Im Rahmen dieser Dissertation wurde ein neuer Datensatz an Lkw-Parkplatzbelegungen aus Live-Verkehrsdaten zusammengeführt. Dieser erlaubt es, das Laden von Lkw an Autobahnraststätten auch über längere Zeiträume realitätsnah betrachten zu können.

Als Basis für die Modellierung dieser Standorte dienen reale Lkw-Parkplatzbelegungsdaten von süddeutschen Raststätten und -höfen. Dazu wurden Live-Belegungen, die für einige Raststätten auf dem Mobilitäts-Daten-Marktplatz der Bundesanstalt für Straßenwesen (BAST) [99] in den Datensätzen [100], [101], [102] und [103] veröffentlicht wurden, gespeichert und kombiniert. Abbildung 3-10 zeigt eine Analyse der Daten. Die Parkplatzbelegungsdaten umfassen 26 Raststätten und -höfe mit insgesamt 820 nutzbaren Messwochen, welche die Anzahl der Fahrzeuge auf den jeweiligen Parkplätzen im Minutentakt erfassen.

Im rechten Teil von Abbildung 3-10 ist die Größe der Mess-Standorte hinsichtlich der Verfügbarkeit von Lkw-Parkplätzen dargestellt. 50 % der Standorte verfügen über 25 bis 50 Lkw-Parkplätze, mit knapp 30 % liegt jedoch auch ein relevanter Anteil sehr großer Standorte mit 100 bis 150 Parkplätzen vor.

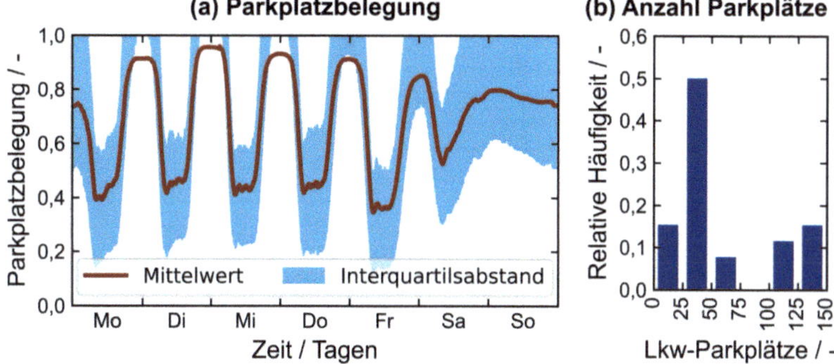

Abbildung 3-10: Übersicht der Lkw-Parkplatzbelegungsdaten an Autobahnen. Wochenverlauf der Parkplatzbelegung (a) und Verteilung der Standortgrößen hinsichtlich verfügbarer Lkw-Parkplätze (b).

Im linken Teil von Abbildung 3-10 ist der Wochenverlauf der Parkplatzbelegung abgebildet. Darin ist der mittlere Verlauf aller Messwochen und Raststätten sowie der Korridor, in dem sich die mittleren 50 % der Werte befinden, dargestellt. Die Belegung der Raststätten erreicht dabei nachts an Werktagen relative Maxima. Diese sind konstant über mehrere Nachstunden, da aufgrund gesetzlicher Rahmenbedingungen die Fahrzeuge nicht mehr bewegt werden dürfen. Dabei liegt ein Großteil der Spitzen bei nahezu 100 % Auslastung. Dieser Wert kann schwanken, da die maximale Anzahl der Fahrzeuge, die auf dem Parkplatz tatsächlich abgestellt werden können, je nach Parkverhalten der Fahrzeuge variiert. Minima werden unter der Woche am Vormittag erreicht, wenn die meisten Lkw Fahrten durchführen. Jedoch zeigt sich gerade im Mittagsbereich eine starke Schwankung der Belegung, da viele Fahrzeuge mittags für eine kurze Mittagspause halten. Dies resultiert auch aus den gesetzlichen Lenkzeiten. Ab Samstagabend bis zum frühen Montagmorgen bleibt die Belegung im Mittel konstant bei etwa 75 %. Dies resultiert aus den sonntäglichen Fahrverboten für Lkw.

Durch die Normierung der Daten auf die jeweiligen Maxima können diese in der Standortmodellierung auch für nicht messtechnisch erfasste Raststätten mit anderen Parkplatzzahlen genutzt werden. Analog zu den Verkehrs- und

Nutzungskennwerten von Logistikzentren werden in dieser Arbeit auch Werte für Autobahnraststätten als Standardwerte basierend auf den erhobenen Daten angenommen. Diese sind in Tabelle 3-6 dargestellt.

Tabelle 3-6: Zusammenfassung der in dieser Arbeit abgeleiteten Basisannahmen für Nutzungs- und Verkehrskennwerte der Autobahnraststätten.

	Nutzungskennwerte	**Verkehrskennwerte**			
Sub-Typ	Anzahl Lkw-Parkplätze / -	Fernverkehrsanteil / %		Regionalverkehrsanteil / %	
		Lkw ≤ 7,5 t / %	Lkw > 7,5 t / %	Lkw ≤ 7,5 t / %	Lkw > 7,5 t / %
Autobahnraststätte	9 - 144	100		0	
		0	100	0	0

3.3 Standortbezogenes Ladebedarfsmodell

Im Rahmen von Kapitel 3.1.2 wurde bereits der Modellierungsablauf zur Generation standortbezogener lokaler Ladeprofile von E-Lkw skizziert. Im Rahmen dieses Kapitels wird die in dieser Arbeit entwickelte Modellierung vertiefend beschrieben. Dabei orientiert sich die Gliederung an den im Ablaufdiagramm in Abbildung 3-3 festgelegten Modellierungsschritten:

- Modellierung des Ladestandorts,
- Erzeugung der E-Lkw-Flotte,
- Bestimmung des Ladebedarfs,
- Erstellung der Ladeprofile.

3.3.1 Modellierung des Ladestandorts

Im ersten Schritt der Ladebedarfsmodellierung wird der betrachtete Ladestandort modelliert. Anhand des in der Modellkonfiguration gewählten Standorttyps und der Standortgröße wird basierend auf den entsprechenden Standortmerkmalen ein zeit- und typtagabhängiges Belegungsprofil generiert. Aus diesem wird eine Standortmatrix $\boldsymbol{Z}_{\mathrm{L,S}}$ erzeugt. Diese enthält für jedes der n am Standort L ankommenden Fahrzeuge einen Ankunftszeitpunkt t_{A}, einen Abfahrzeitpunkt t_{D} und eine Verweildauer Δt_{i}. Eine Übersicht des Aufbaus der Standortmatrix zeigt Formel (3-3).

$$\boldsymbol{Z}_{\mathrm{L,S}} = \begin{pmatrix} t_{\mathrm{A},1} & t_{\mathrm{D},1} & \Delta t_{\mathrm{i},1} \\ \dots & \dots & \dots \\ t_{\mathrm{A},n} & t_{\mathrm{D},n} & \Delta t_{\mathrm{i},n} \end{pmatrix} \quad (3\text{-}3)$$

Mit:			
	$\boldsymbol{Z}_{\mathrm{L,S}}$	Standortmatrix	-
	n	Anzahl der im Betrachtungszeitraum ankommenden Fahrzeuge	-
	t_{A}	Ankunftszeitpunkt eines Fahrzeugs am Ladestandort	h
	t_{D}	Abfahrtzeitpunkt eines Fahrzeugs vom Ladestandort	h
	Δt_{i}	Verweildauer eines Fahrzeugs am Ladestandort	h

3.3.2 Erzeugung der E-Lkw-Flotte

Im zweiten Schritt muss die ankommende Fahrzeugflotte näher spezifiziert werden. Dazu werden jedem der n Fahrzeuge die Eigenschaften Gewichtsklasse m, Batteriekapazität C_{Bat}, Reichweite R, Verkehrseinsatzart V sowie vor Ankunft und nach Abfahrt zurückgelegte Strecken d_{A} und d_{D} zugewiesen und in der Fahrzeugmatrix $\boldsymbol{Z}_{\mathrm{L,F}}$ (Formel (3-4)) hinterlegt.

$$\boldsymbol{Z}_{\mathrm{L,F}} = \begin{pmatrix} m_1 & C_{\mathrm{Bat},1} & R_1 & V_1 & d_{\mathrm{A},1} & d_{\mathrm{D},1} \\ \dots & \dots & \dots & \dots & \dots & \dots \\ m_n & C_{\mathrm{Bat},n} & R_n & V_n & d_{\mathrm{A},n} & d_{\mathrm{D},n} \end{pmatrix} \quad (3\text{-}4)$$

Mit:			
	$\boldsymbol{Z}_{\mathrm{L,F}}$	Fahrzeugmatrix	-
	n	Anzahl der im Betrachtungszeitraum ankommenden Fahrzeuge	-
	m	Gewichtsklasse des Fahrzeugs	t
	C_{Bat}	Batteriekapazität des Fahrzeugs	kWh
	R	Gesamtreichweite des Fahrzeugs	km
	V	Verkehrseinsatzart (Regional- oder Fernverkehr)	-
	d_{A}	Vor Ankunft des Fahrzeugs am Ladestandort zurückgelegte Strecke	km
	d_{D}	Nach Abfahrt des Fahrzeugs vom Ladestandort zurückgelegte Strecke	km

Die Gewichtsklassen m und Verkehrseinsatzarten V der einzelnen Fahrzeuge (Fern- oder Regionalverkehr) ermitteln sich dabei aus den zugehörigen Verteilungen der Standortmerkmale des Standorttyps oder, falls angepasst, aus den Vorgaben der Nutzerinnen und Nutzer. Die Fahrzeugparameter C_{Bat} und R können entweder ebenfalls durch die Nutzerinnen und Nutzer vorgegeben oder dem E-Lkw-Parameterdatensatz entnommen werden. Dasselbe gilt für die zurückgelegten Strecken d_{A} und d_{D}, die ebenfalls entweder aus den Eingaben entnehmbar sind oder aus den Mobilitätsdatensätzen ermittelt werden. Sowohl Fahrzeugparameter als auch zurückgelegte Strecken sind dabei abhängig von der Fahrzeuggewichtsklasse. Die Standortmatrix $\boldsymbol{Z}_{\mathrm{L,S}}$ und die Fahrzeugmatrix $\boldsymbol{Z}_{\mathrm{L,F}}$ können schließlich zu einer gesamten Ladestandortmatrix $\boldsymbol{Z}_{\mathrm{L}}$ kombiniert werden. Diese ist in Gleichung (3-5) dargestellt.

$$\boldsymbol{Z}_{\mathrm{L}} = \begin{pmatrix} t_{\mathrm{A},1} & t_{\mathrm{D},1} & \Delta t_{\mathrm{i},1} & m_1 & C_{\mathrm{Bat},1} & R_1 & V_1 & d_{\mathrm{A},1} & d_{\mathrm{D},1} \\ \dots & \dots & \dots & \dots & \dots & \dots & \dots & \dots & \dots \\ t_{\mathrm{A},n} & t_{\mathrm{D},n} & \Delta t_{\mathrm{i},n} & m_n & C_{\mathrm{Bat},n} & R_n & V_n & d_{\mathrm{A},n} & d_{\mathrm{D},n} \end{pmatrix} \tag{3-5}$$

Mit:			
	$\boldsymbol{Z}_{\mathrm{L,S}}$	Ladestandortmatrix	-
	n	Anzahl der im Betrachtungszeitraum ankommenden Fahrzeuge	-
	t_{A}	Ankunftszeitpunkt eines Fahrzeugs am Ladestandort	h
	t_{D}	Abfahrtzeitpunkt eines Fahrzeugs vom Ladestandort	h
	Δt_{i}	Verweildauer eines Fahrzeugs am Ladestandort	h
	m	Gewichtsklasse des Fahrzeugs	t
	C_{Bat}	Batteriekapazität des Fahrzeugs	kWh
	R	Gesamtreichweite des Fahrzeugs	km
	V	Verkehrseinsatzart (Regional- oder Fernverkehr)	-
	d_{A}	Vor Ankunft des Fahrzeugs am Ladestandort zurückgelegte Strecke	km
	d_{D}	Nach Abfahrt des Fahrzeugs vom Ladestandort zurückgelegte Strecke	km

3.3.3 Bestimmung des Ladebedarfs

Die Matrix des Ladebedarfs aller am Ladestandort ankommenden Fahrzeuge $\boldsymbol{Z_B}$ ermittelt sich aus der Ladestandortmatrix $\boldsymbol{Z}_{\mathrm{L}}$ und dem jeweiligen Ladeszenario. Diese Ladebedarfmatrix ist in Gleichung (3-6) dargestellt. Für jedes Fahrzeug ist der Ankunfts-SOC $SOC_{t_{\mathrm{A}}}$, der Ziel-SOC $SOC_{t_{\mathrm{D}}}$, die theoretisch notwendige Ladeenergie zur Deckung des Ziel-SOC W_{ci} und die dafür theoretisch notwendige Ladedauer Δt_{ci} in der Ladebedarfmatrix hinterlegt. Darüber hinaus enthält sie die reale Ladedauer Δt_{cr}, die tatsächlich bereitgestellte Ladeenergie W_{cr} sowie Start- und Endzeitpunkt des Ladevorgangs jedes Fahrzeugs t_{c1} und t_{c2}.

Ein Ladeszenario $\boldsymbol{B}$ besteht dabei aus der Kombination jeweils eines Wertes der Laderestriktionsparameter: maximal verfügbare Ladeleistung P_{max}, Ladeinfrastruktur-Verfügbarkeit p_{LIS}, Soll-Ankunfts-SOC $SOC_{t_{\mathrm{A}},\mathrm{soll}}$, Soll-Ziel-SOC $SOC_{t_{\mathrm{D}},\mathrm{soll}}$, Ladeverhalten l und Mehrbedarfsdeckung b nach Gleichung (3-7).

$$\boldsymbol{Z_B} = \begin{pmatrix} SOC_{t_{A,1}} & SOC_{t_{D,1}} & W_{ci,1} & \Delta t_{ci,1} & \Delta t_{cr,1} & W_{cr,1} & t_{c1,1} & t_{c2,1} \\ \dots & \dots & \dots & \dots & \dots & \dots & \dots & \dots \\ SOC_{t_{A,n}} & SOC_{t_{D,n}} & W_{ci,n} & \Delta t_{ci,n} & \Delta t_{cr,n} & W_{cr,n} & t_{c1,n} & t_{c2,n} \end{pmatrix} \quad (3\text{-}6)$$

Mit:			
	$\boldsymbol{Z_B}$	Ladebedarfmatrix eines Ladeszenarios	-
	n	Anzahl der im Betrachtungszeitraum ankommenden Fahrzeuge	-
	SOC_{t_A}	Realer Ankunfts-SOC	-
	SOC_{t_D}	Realer Ziel-SOC	-
	W_{ci}	Theoretisch notwendige Ladeenergie	kWh
	Δt_{ci}	Theoretische Ladedauer	h
	Δt_{cr}	Real umsetzbare Ladedauer	h
	W_{cr}	Real bereitgestellte Ladeenergie	kWh
	t_{c1}	Ladestartzeitpunkt	h
	t_{c2}	Ladeendzeitpunkt	h

$$\boldsymbol{B} = (P_{\max}\ p_{\text{LIS}}\ SOC_{t_A,soll}\ SOC_{t_D,soll}\ l\ b) \quad (3\text{-}7)$$

Mit:			
	$\boldsymbol{B}$	Ladeszenario-Vektor	-
	$P_{\max}$	Maximal verfügbare Ladeleistung je Ladepunkt	kW
	p_{LIS}	Ladeinfrastruktur-Verfügbarkeit $\{p_{\text{LIS}} \in \mathbb{R}: 0 < p_{\text{LIS}} \leq 1\}$	-
	$SOC_{t_A,\text{soll}}$	Soll-Ankunfts-SOC	-
	$SOC_{t_D,\text{soll}}$	Soll-Ziel-SOC	-
	l	Ladeverhalten (sofort, verzögert, flexibel)	-
	b	Mehrbedarfsdeckung (Standzeitverlängerung oder Zwischenladen)	-

In Kapitel 3.2.2 wurde im Rahmen der Vorstellung der Laderestriktionen bereits auf die möglichen Werte dieser Parameter eingegangen (siehe Tabelle 3-2). Die Laderestriktionsparameter Soll-Ankunfts-SOC $SOC_{t_A,\text{soll}}$ und Soll-Ziel-SOC $SOC_{t_D,\text{soll}}$ können entweder feste Werte enthalten oder streckenabhängig sein. Eine Streckenabhängigkeit bedeutet, dass sich der reale Ankunfts-SOC SOC_{t_A} eines Fahrzeugs abhängig der von diesem Fahrzeug vor Ankunft am Ladestandort zurückgelegten Strecke d_A bestimmt. Dies gilt in gleicher Weise für den Ziel-SOC SOC_{t_D}. Eine hierfür vorgegebene Streckenabhängigkeit des Soll-Ziel-SOC $SOC_{t_D,\text{soll}}$ führt dazu, dass SOC_{t_D} basierend auf der nächsten zu fahrenden Strecke d_D bestimmt werden kann. Gleichungen (3-8) und (3-9) beschreiben die Bestimmung von SOC_{t_A} und SOC_{t_D}. Der Zusammenhang zwischen diesen beiden

Gleichungen ist durch die theoretisch notwendige Ladeenergie W_{ci} aus Gleichung (3-10) gegeben. W_{ci} kann auch negative Werte annehmen, das bedeutet, dass in diesem Fall eine Rückspeisung ins Netz möglich ist und als Flexibilitätspotential genutzt werden kann. In diesen Fällen wird nicht geladen. Die theoretische Ladedauer Δt_{ci} zur Deckung der theoretisch notwendigen Ladeendergie W_{ci} bestimmt sich in Abhängigkeit der maximal verfügbaren Ladeleistung je Ladepunkt $P_{\max}$ und der Ladeinfrastruktur-Verfügbarkeit p_{LIS} nach Gleichung (3-11).

$$SOC_{t_{\mathrm{A}}} = \begin{cases} \max\left(\frac{R - d_{\mathrm{A}}}{R}, 0\right) & \text{für } SOC_{t_{\mathrm{A}},\mathrm{soll}} = \text{streckenabhängig} \\ SOC_{t_{\mathrm{A}},\mathrm{soll}} & \text{für } SOC_{t_{\mathrm{A}},\mathrm{soll}} = \text{fester Wert} \end{cases} \tag{3-8}$$

$$SOC_{t_{\mathrm{D}}} = \begin{cases} \min\left(\frac{d_{\mathrm{D}}}{R}, 1\right) & \text{für } SOC_{t_{\mathrm{D}},\mathrm{soll}} = \text{streckenabhängig} \\ SOC_{t_{\mathrm{D}},\mathrm{soll}} & \text{für } SOC_{t_{\mathrm{D}},\mathrm{soll}} = \text{fester Wert} \end{cases} \tag{3-9}$$

Mit:			
	$SOC_{t_{\mathrm{A}}}$	Ankunfts-SOC	-
	R	Reichweite	km
	d_{A}	Vor Ankunft des Fahrzeugs am Ladestandort zurückgelegte Strecke	km
	$SOC_{t_{\mathrm{A}},\mathrm{soll}}$	Soll-Ankunfts-SOC $SOC_{t_{\mathrm{A}},\mathrm{soll}} \in \{\text{streckenabhängig, fester Wert}\}$	-
	$SOC_{t_{\mathrm{D}}}$	Ziel-SOC	-
	d_{D}	Nach Abfahrt des Fahrzeugs vom Ladestandort zurückgelegte Strecke	km
	$SOC_{t_{\mathrm{D}},\mathrm{soll}}$	Soll-Ziel-SOC $SOC_{t_{\mathrm{D}},\mathrm{soll}} \in \{\text{streckenabhängig, fester Wert}\}$	-

$$W_{\mathrm{ci}} = \left(SOC_{t_{\mathrm{D}}} - SOC_{t_{\mathrm{A}}}\right) \cdot C_{\mathrm{Bat}} \begin{cases} \cdot \frac{1}{\eta} \text{ für } SOC_{t_{\mathrm{A}}} \leq SOC_{t_{\mathrm{D}}} \\ \cdot \eta \text{ für } SOC_{t_{\mathrm{A}}} > SOC_{t_{\mathrm{D}}} \end{cases} \tag{3-10}$$

Mit:			
	W_{ci}	Theoretisch notwendige Ladeenergie	kWh
	η	Ladewirkungsgrad	-
	C_{Bat}	Batteriekapazität des Fahrzeugs	kWh

$$\Delta t_{\mathrm{ci}} = \frac{\max\left(\frac{W_{\mathrm{ci}}}{P_{\max}}, 0\right)}{p_{\mathrm{LIS}}} \tag{3-11}$$

Mit:			
	Δt_{ci}	Theoretische Ladedauer	h
	$P_{\max}$	Maximal verfügbare Ladeleistung je Ladepunkt	kW
	p_{LIS}	Ladeinfrastruktur-Verfügbarkeit $\{p_{\mathrm{LIS}} \in \mathbb{R}: 0 < p_{\mathrm{LIS}} \leq 1\}$	-

Aus den theoretischen Werten für Ladeenergie und Ladedauer W_{ci} und Δt_{ci} können in Kombination mit den Laderestriktionen zu Ladeverhalten l und Mehrbedarfsdeckung b die reale Ladedauer Δt_{cr} nach Gleichung (3-12) und die tatsächlich bereitgestellte Ladeenergie W_{cr} nach Gleichung (3-13) sowie daraus Start- und Endzeitpunkt des Ladevorgangs jedes Fahrzeugs t_{c1} und t_{c2} (Gleichungen (3-14) und (3-15)) bestimmt werden.

$$\Delta t_{\mathrm{cr}} = \begin{cases} \min(\Delta t_{\mathrm{ci}}, \Delta t_{\mathrm{i}}) & \text{für} \quad b = \text{Zwischenladen} \\ \Delta t_{\mathrm{ci}} & \phantom{\text{für}} \quad b = \text{Standzeitverlängerung} \end{cases} \tag{3-12}$$

Mit:			
	Δt_{cr}	Real umsetzbare Ladedauer	h
	Δt_{ci}	Theoretische Ladedauer	h
	Δt_{i}	Verweilzeit eines Fahrzeugs am Ladestandort	h
	b	Mehrbedarfsdeckung $b \in \{\text{Standzeitverlängerung; Zwischenladen}\}$	-

$$W_{\mathrm{cr}} = P_{\max} \cdot \Delta t_{\mathrm{cr}} \tag{3-13}$$

Mit:			
	W_{cr}	Real bereitgestellte Ladeenergie	kWh
	$P_{\max}$	Maximal verfügbare Ladeleistung je Ladepunkt	kW

$$t_{\mathrm{c1}} = \begin{cases} t_{\mathrm{A}} & \phantom{\text{für}} \quad l = \text{sofort} \\ t_{\mathrm{D}} - \Delta t_{\mathrm{cr}} & \text{für} \quad l = \text{verzögert und } \Delta t_{\mathrm{cr}} \leq \Delta t_{\mathrm{i}} \\ t_{\mathrm{A}} & \phantom{\text{für}} \quad l = \text{verzögert und } \Delta t_{\mathrm{cr}} > \Delta t_{\mathrm{i}} \end{cases} \tag{3-14}$$

$$t_{\mathrm{c2}} = t_{\mathrm{c1}} + \Delta t_{\mathrm{cr}} \tag{3-15}$$

Mit:			
	t_{c1}	Ladestartzeitpunkt	h
	t_{A}	Ankunftszeit eines Fahrzeugs am Ladestandort	h
	t_{D}	Abfahrtzeit eines Fahrzeugs vom Ladestandort	h
	l	Ladeverhalten $l \in \{\text{sofort; verzögert; gleichmäßig; flexibel}\}$	-
	t_{c2}	Ladeendzeitpunkt	h

3.3.4 Erstellung der Ladeprofile

Im letzten Schritt der Ladebedarfsmodellierung werden die individuellen Ladeprofile aller Fahrzeuge und das Gesamtladeprofil erstellt. Die zeitabhängigen Werte $P_{F_j,L_1,t}$ der Zeitreihe des Ladevorgangs eines Fahrzeugs F_j am Ladestandort L_1 $\boldsymbol{P}_{F_j,L_1}$ beim Laden mit maximal verfügbarer Ladeleistung $P_{\max}$ lassen sich nach Gleichung (3-16) ermitteln.

$$P_{F_j,L_1,t} = \begin{cases} P_{\max} \cdot p_{\mathrm{LIS}} & \text{für} \quad t_{\mathrm{c1},F_j} \leq t < t_{\mathrm{c2},F_j} \\ 0 & \text{sonst} \end{cases} \tag{3-16}$$

Mit:			
	$P_{F_j,L_1,t}$	Wert der Wirkleistungszeitreihe des Ladevorgangs eines Fahrzeugs F_j am Ladestandort L_1, $j \in \{1; \ldots; n\}$ zum Zeitpunkt t	kW
	$P_{\max}$	Maximal verfügbare Ladeleistung je Ladepunkt	kW
	p_{LIS}	Ladeinfrastruktur-Verfügbarkeit $\{p_{\mathrm{LIS}} \in \mathbb{R}: 0 < p_{\mathrm{LIS}} \leq 1\}$	-
	t_{c1,F_j}	Ladestartzeitpunkt des Fahrzeugs F_j	h
	t_{c2,F_j}	Ladeendzeitpunkt des Fahrzeugs F_j	h

Die minimal notwendige Ladeleistung P_{min} zur Deckung des Ladebedarfs eines Fahrzeugs innerhalb der regulären Verweildauer bestimmt sich nach Gleichung (3-17).

$$P_{\mathrm{min},F_j} = \frac{W_{ci,F_j}}{\Delta t_{\mathrm{i},F_j}} \tag{3-17}$$

Mit:			
	P_{min,F_j}	Minimal notwendige Ladeleistung zur Deckung des Ladebedarfs des Fahrzeugs F_j	kW
	W_{ci,F_j}	Theoretisch notwendige Ladeenergie	kWh
	$\Delta t_{\mathrm{i},F_j}$	Verweildauer des Fahrzeugs am Ladestandort	h

Die Aggregation aller Ladezeitreihen $\boldsymbol{P}_{F_j,L_1}$ der einzelnen Fahrzeuge am Ladestandort nach Gleichung (3-1) führt dann zur gesamten Wirkleistungszeitreihe des Ladestandorts $\boldsymbol{P}_{L_1}$.

3.4 Fahrzeugbezogenes Ladebedarfsmodell

In Kapitel 3.1.3 wurde neben dem standortbezogenen Ansatz auch bereits der Modellierungsablauf zur Generation fahrzeugbezogener multilokaler Ladeprofile von E-Lkw eingeführt. Im Folgenden wird der in dieser Arbeit entwickelte fahrzeugbezogene Ansatz vertiefend beschrieben. Die Gliederung orientiert sich dabei an den im Ablaufdiagramm in Abbildung 3-4 festgelegten Modellierungsschritten:

- Modellierung der Fahrtenketten,
- Elektrifizierung der Fahrtenketten,

- Bestimmung des Ladebedarfs,
- Erstellung des Ladeprofils.

3.4.1 Fahrtenketten-Modellierung

Um das multilokale Jahresladeprofil eines Fahrzeugs zu bestimmen, muss im ersten Schritt dessen Mobilitätsverhalten modelliert werden. Dazu werden auf Basis realer Mobilitätsdaten synthetische Fahrtenketten generiert. Diese beinhalten die gefahrenen Strecken und erreichten Standorte eines Fahrzeugs für ein Jahr inklusive des Zeitverhaltens. Bei der Generation der synthetischen Fahrtenketten müssen dabei gesetzliche Rahmenbedingungen zu den Pausenzeiten und zulässigen Arbeitszeiten der Kraftfahrerinnen und -fahrer mitberücksichtigt werden.

Eine Fahrtenkette beginnt und endet dabei jeweils mit einem Parkvorgang. Bei a_{K} Fahrten eines konventionellen Fahrzeugs im Simulationszeitraum existieren daher $a_{\mathrm{K}} + 1$ Parkvorgänge (im Folgenden als Stopp bezeichnet). Die Fahrtenkette eines Fahrzeugs wird dabei in Form der Fahrtenkettenmatrix $\boldsymbol{T}_{\mathbf{K}}$ modelliert und ist beispielhaft für ein Fahrzeug in Gleichung (3-18) dargestellt. Jede Spalte entspricht dabei einem Stopp in der Fahrtenkette und enthält dessen Standort L, den Ankunftszeitpunkt t_{A}, die Verweildauer Δt_{i}, die auf den Stopp folgende Fahrtstrecke d sowie die dafür erforderliche Fahrtdauer Δt_d. Nach dem letzten Stopp wird keine weitere Fahrt modelliert, daher sind Strecke und Dauer in der letzten Spalte der Matrix mit 0 gekennzeichnet.

$$\boldsymbol{T}_{\mathbf{K}} = \begin{pmatrix} L_1 & \dots & L_{a_{\mathrm{K}}} & L_{a_{\mathrm{K}}+1} \\ t_{\mathrm{A},1} & \dots & t_{\mathrm{A},a_{\mathrm{K}}} & t_{\mathrm{A},a_{\mathrm{K}}+1} \\ \Delta t_{\mathrm{i},1} & \dots & \Delta t_{\mathrm{i},a_{\mathrm{K}}} & \Delta t_{\mathrm{i},a_{\mathrm{K}}+1} \\ d_1 & \dots & d_{a_{\mathrm{K}}} & 0 \\ \Delta t_{d,1} & \dots & \Delta t_{d,a_{\mathrm{K}}} & 0 \end{pmatrix} \tag{3-18}$$

Mit:			
	$\boldsymbol{T}_{\mathbf{K}}$	Konventionelle Fahrtenkettenmatrix	-
	L	Standort des Stopps	-
	t_{A}	Ankunftszeitpunkt des Fahrzeugs am Ladestandort	h
	Δt_{i}	Verweildauer des Fahrzeugs am Standort	h
	d	Fahrtstrecke, die unmittelbar nach dem Stopp zurückgelegt wird	km
	Δt_d	Dauer der auf den Stopp folgenden Fahrt	h
	a_{K}	Anzahl der jährlich zurückgelegten konventionellen Fahrten	-

3.4.2 Fahrtenketten-Elektrifizierung

Im zweiten Schritt wird die generierte Fahrtenkettenmatrix $\boldsymbol{T}_{\mathrm{K}}$ simulativ elektrifiziert. Dazu werden einem modellierten Lkw einer Gewichtsklasse die Fahrzeugparameter eines elektrischen Modells zugewiesen. Diese beinhalten die Reichweite R und die Batteriekapazität C_{Bat}. Anschließend erfolgt ein Abgleich der Fahrzeugreichweite R mit den in der Fahrtenkettenmatrix gespeicherten Fahrtstrecken d. Existieren Strecken, die länger als die Fahrzeugreichweite sind, werden diese in zwei Abschnitte unterteilt und ein zusätzlicher viertelstündlicher Stopp wird in der Fahrtenkette ergänzt. Überschreitet anschließend die Gesamtdauer der neuen elektrischen Fahrtenkette $\boldsymbol{T}_{\mathrm{E}}$ den Betrachtungszeitraum, werden überschüssige Stopps und Fahrten am Ende der Fahrtenkette entfernt. Abschließend erfolgt wieder eine Prüfung der Einhaltung gesetzlicher Rahmenbedingungen.

Die elektrifizierte Fahrtenkettenmatrix $\boldsymbol{T}_{\mathrm{E}}$ kann sich aufgrund der beschriebenen Modifikationen von der konventionellen Fahrtenkettenmatrix $\boldsymbol{T}_{\mathrm{K}}$ unterscheiden. Da im Vergleich zum konventionellen Fahrzeug zusätzliche Informationen zum Ladevorgang in der elektrischen Fahrtenkette hinterlegt werden müssen, wird die von der konventionellen Fahrtenkette abgeleitete elektrische zunächst mit $\boldsymbol{T}_{\mathrm{E,I}}$ bezeichnet. Sie ist in (3-19) aufgeführt.

$$\boldsymbol{T}_{\mathrm{E,I}} = \begin{pmatrix} L_1 & \dots & L_{a_{\mathrm{E}}} & L_{a_{\mathrm{E}}+1} \\ t_{\mathrm{A},1} & \dots & t_{\mathrm{A},a_{\mathrm{E}}} & t_{\mathrm{A},a_{\mathrm{E}}+1} \\ \Delta t_{\mathrm{i},1} & \dots & \Delta t_{\mathrm{i},a_{\mathrm{E}}} & \Delta t_{\mathrm{i},a_{\mathrm{E}}+1} \\ d_1 & \dots & d_{a_{\mathrm{E}}} & 0 \\ \Delta t_{d,1} & \dots & \Delta t_{d,a_{\mathrm{E}}} & 0 \end{pmatrix} \tag{3-19}$$

Mit:			
	$\boldsymbol{T}_{\mathrm{E,I}}$	Teil I der elektrischen Fahrtenkettenmatrix	-
	L	Standort des Stopps	-
	t_{A}	Ankunftszeitpunkt des Fahrzeugs am Ladestandort	h
	Δt_{i}	Verweildauer des Fahrzeugs am Standort	h
	d	Fahrtstrecke, die unmittelbar nach dem Stopp zurückgelegt wird	km
	Δt_d	Dauer der auf den Stopp folgenden Fahrt	h
	a_{E}	Anzahl der jährlich zurückgelegten elektrischen Fahrten	-

3.4.3 Bestimmung des Ladebedarfs

Im zweiten Teil der elektrischen Fahrtenkettenmatrix $\boldsymbol{T}_{\mathrm{E,II}}$, dargestellt in Gleichung (3-20), wird der Ladebedarf für die Fahrten der Fahrtenkette charakterisiert. $\boldsymbol{T}_{\mathrm{E,II}}$

enthält dabei für jeden Ladestandort den in Abhängigkeit der zuvor gefahrenen Strecke bestimmten Ladezustand der Batterie bei Ankunft am Ladestandort SOC_{t_A} sowie den gewünschten Ladezustand bei der Abfahrt SOC_{t_D}. Dieser hängt von den gewählten Laderestriktionen ab. Daraus lässt sich die theoretisch während des Ladestopps nachzuladende Energie W_ci anhand der Gleichungen (3-10) analog zum standortbezogenen Ansatz bestimmen.

$$\boldsymbol{T}_\mathbf{E,II} = \begin{pmatrix} SOC_{t_{\mathrm{A},1}} & \dots & SOC_{t_{\mathrm{A},a_\mathrm{E}}} & SOC_{t_{\mathrm{A},a_\mathrm{E}+1}} \\ SOC_{t_{\mathrm{D},1}} & \dots & SOC_{t_{\mathrm{D},a_\mathrm{E}}} & SOC_{t_{\mathrm{D},a_\mathrm{E}+1}} \\ W_{\mathrm{ci},1} & \dots & W_{\mathrm{ci},a_\mathrm{E}} & W_{\mathrm{ci},a_\mathrm{E}+1} \\ \Delta t_{\mathrm{ci},1} & \dots & \Delta t_{\mathrm{ci},a_\mathrm{E}} & \Delta t_{\mathrm{ci},a_\mathrm{E}+1} \\ \Delta t_{\mathrm{cr},1} & \dots & \Delta t_{\mathrm{cr},a_\mathrm{E}} & \Delta t_{\mathrm{cr},a_\mathrm{E}+1} \\ W_{\mathrm{cr},1} & \dots & W_{\mathrm{cr},a_\mathrm{E}} & W_{\mathrm{cr},a_\mathrm{E}+1} \\ t_{\mathrm{c1},1} & \dots & t_{\mathrm{c1},a_\mathrm{E}} & t_{\mathrm{c1},a_\mathrm{E}+1} \\ t_{\mathrm{c2},1} & \dots & t_{\mathrm{c2},a_\mathrm{E}} & t_{\mathrm{c2},a_\mathrm{E}+1} \end{pmatrix} \tag{3-20}$$

Mit:			
	$\boldsymbol{T}_\mathbf{E,II}$	Teil II der elektrischen Fahrtenkettenmatrix	-
	SOC_{t_A}	Ankunfts-SOC	-
	SOC_{t_D}	Ziel-SOC	-
	W_ci	Theoretisch notwendige Ladeenergie	kWh
	Δt_ci	Theoretische Ladedauer	h
	Δt_cr	Real umsetzbare Ladedauer	h
	W_cr	Real bereitgestellte Ladeenergie	kWh
	t_c1	Ladestartzeitpunkt	h
	t_c2	Ladeendzeitpunkt	h

Die Ladeinfrastrukturverfügbarkeit p_LIS wird beim fahrzeugbezogenen Ansatz anders eingebunden als beim standortbezogenen Ansatz. Sie gibt an, an welchem Anteil der Stopps in der Fahrtenkette Ladeinfrastruktur für den Lkw verfügbar ist. Für eine Ladeinfrastrukturverfügbarkeit von 1, d.h. Ladeinfrastruktur ist an jedem Standort verfügbar, bestimmt sich die theoretische Ladedauer Δt_ci an einem Stopp nach Gleichung (3-21).

$$\Delta t_\mathrm{ci} = \max\left(\frac{W_\mathrm{ci}}{P_\mathrm{max}}, 0\right) \tag{3-21}$$

Mit:			
	Δt_ci	Theoretische Ladedauer	h
	W_ci	Theoretisch notwendige Ladeenergie	kWh
	P_max	Maximal verfügbare Ladeleistung je Ladepunkt	kW

Die real umsetzbare Ladedauer Δt_{cr}, die real bereitgestellte Ladeenergie W_{cr}, der Ladestartzeitpunkt t_{c1} und der Ladeendzeitpunkt t_{c2} können analog zum standortbezogenen Ansatz unter Anwendung der Gleichungen (3-12), (3-13), (3-14), und (3-15) ermittelt werden.

Liegt eine Ladeinfrastrukturverfügbarkeit p_{LIS} kleiner 1 vor, kann nicht an jedem der Stopps nachgeladen werden. Die absolute Anzahl an Stopps mit verfügbarer Ladeinfrastruktur a_{LIS} berechnet sich nach Gleichung (3-22) aus der Anzahl aller Stopps $a_{\mathrm{E}} + 1$ multipliziert mit der Ladeinfrastrukturverfügbarkeit p_{LIS}.

$$a_{\mathrm{LIS}} = (a_{\mathrm{E}} + 1) \cdot p_{\mathrm{LIS}} \qquad \textit{(3-22)}$$

Mit:			
	a_{LIS}	Anzahl an Stopps mit verfügbarer Ladeinfrastruktur	-
	$a_{\mathrm{E}} + 1$	Anzahl aller Stopps	-
	p_{LIS}	Ladeinfrastruktur-Verfügbarkeit	-

Von den $a_{\mathrm{E}} + 1$ Stopps in der Fahrtenketten werden a_{LIS} reale Ladestopps zufällig bestimmt. Nur an diesen Stopps kann dann geladen werden. Dadurch summiert sich der Ladebedarf der Stopps ohne Ladeinfrastruktur auf den nächsten Stopp mit Ladeinfrastruktur. Die Elemente von $\boldsymbol{T}_{\mathbf{E,II}}$ müssen dazu neu berechnet werden.

3.4.4 Erstellung des Ladeprofils

Aus der vollständigen elektrischen Fahrtenkettenmatrix $\boldsymbol{T}_{\mathbf{E,mod}}$ lässt sich für jeden Ladestandort L_j das Ladeprofil des Fahrzeugs F_1 $\boldsymbol{P}_{F_1,L_j}$ ermitteln. Dabei bestimmen sich die Elemente $P_{F_1,L_j,t}$ von $\boldsymbol{P}_{F_1,L_j}$ gemäß Gleichung *(3-23)*. Das Fahrzeug lädt ab Ankunftzeitpunkt am Ladestandort t_{c1,L_j} bis zum Ladeendzeitpunkt t_{c2,L_j} mit der vor Ort maximal verfügbaren Ladeleistung je Ladepunkt $P_{\max,L_j}$.

$$P_{F_1,L_j,t} = \begin{cases} P_{\max,L_j} & \text{für} \quad t_{\mathrm{c1},L_j} \leq t < t_{\mathrm{c2},L_j} \\ 0 & \text{sonst} \end{cases} \qquad \textit{(3-23)}$$

Mit:			
	$P_{F_1,L_j,t}$	Wert der Wirkleistungszeitreihe des Fahrzeugs F_1 am Ladestandort L_j mit $j \in \{1; \dots; x\}$ zum Zeitpunkt t	kW
	$P_{\max,L_j}$	Maximal verfügbare Ladeleistung am Ladestandort L_j	kW
	t_{c1,L_j}	Ladestartzeitpunkt am Ladestandort L_j	h
	t_{c2,L_j}	Ladeendeendzeitpunkt am Ladestandort L_j	h

$P_{\max,L_j}$ lässt sich dabei unter Annahme einer konstanten Ladeleistung aus dem Quotienten der real bereitgestellten Ladeenergie W_{cr,L_j} und der real umsetzbaren Ladedauer $\Delta t_{\mathrm{cr},L_j}$ bestimmen nach Gleichung (3-24).

$$P_{\max,L_j} = \frac{W_{\mathrm{cr},L_j}}{\Delta t_{\mathrm{cr},L_j}} \tag{3-24}$$

Mit:			
	$P_{\max,L_j}$	Verfügbare Ladeleistung am Ladestandort	kW
	W_{cr,L_j}	Real bereitgestellte Ladeenergie	kWh
	$\Delta t_{\mathrm{cr},L_j}$	Real umsetzbare Ladedauer	h

Die Aggregation aller Ladezeitreihen $\boldsymbol{P}_{F_1,L_j}$ des Fahrzeugs an den unterschiedlichen Ladestandorten nach Gleichung (3-2) führt dann zur gesamten Wirkleistungszeitreihe des Ladestandorts $\boldsymbol{P}_{F_1}$.

3.5 Einbindung der Modellierungsansätze in die Netz- und Energiesystemplanung

Im Rahmen dieses Kapitels wird die Einbindung der vorgestellten Ladebedarfs-Modellierungsansätze in die Netz- und Energiesystemplanung thematisiert. Während der standortbezogene lokale Ansatz zur Auslegung realer Netzanschlüsse typischer E-Lkw-Ladestandorte und damit für die lokale Verteilnetzplanung angewandt werden kann, eignet sich der fahrzeugbezogene multilokale Ansatz zur Bestimmung des kumulierten Ladebedarfs großer überregionaler Flotten und damit für Übertragungs-, Hochspannungsnetzbetreiber oder für Forschungsinstitute, die nicht über detaillierte Informationen der unterlagerten Netzebenen verfügen. Abbildung 3-11 zeigt den Ablauf zur Einbindung der Ansätze in die Energiesystemplanung anlehnend an [89][18]. Beide Ansätze bestehen aus drei Schritten: Regionalisierung, Ladebedarfsmodellierung und Energiesystemanalyse.

[18] Die beiden Ansätze zum Lkw-Laden sowie deren Einbindung in die Netz- und Energiesystemplanung sind die eigene Entwicklung der Autorin dieser Arbeit.

3.5.1 Betrachtung von Energiesystemauswirkungen im Verteilnetz

Im linken Teil von Abbildung 3-11 ist der Ablauf zur Einbindung des standortbasierten lokalen Ansatzes in die Verteilnetzplanung dargestellt. Da mittels dieser Variante der Ladebedarfsmodellierung jeder Ladestandort individuell basierend auf seinen Standorteigenschaften modelliert werden kann, ist es möglich, den Lkw-Ladebedarf auf jeden einzelnen Netzanschluss zu regionalisieren.

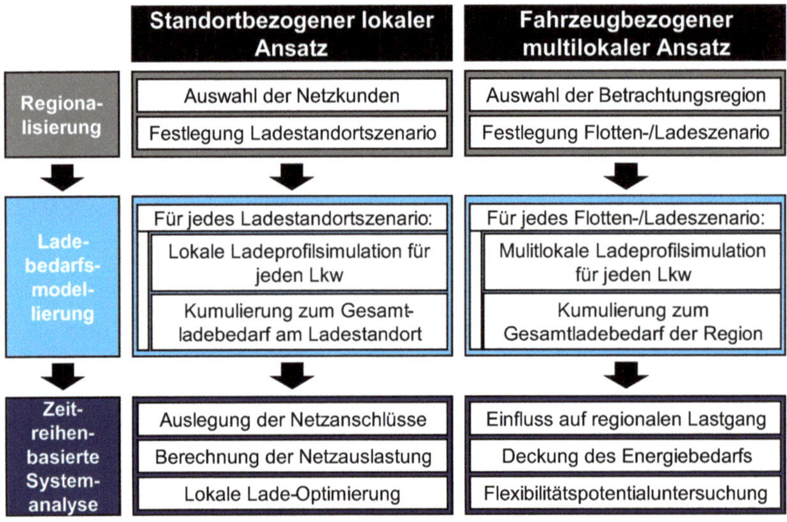

Abbildung 3-11: Übersicht der Abläufe zur Einbindung der E-Lkw-Ladebedarfsmodellierungsansätze in die Netz- und Energiesystemplanung.

Anhand eines zu betrachtenden Netzgebietes werden zunächst alle für E-Lkw relevanten Netzkunden identifiziert. Außerdem werden ein oder mehrere Ladestandortszenarien, welche die Durchdringung mit E-Lkw sowie die Ladeinfrastrukturverfügbarkeit enthalten, festgelegt. Für jeden Netzkunden und jedes Ladestandortszenario wird der Ladebedarf mithilfe des standortbezogenen Ladebedarfsmodells zeitreihenbasiert quantifiziert. Damit kann anschließend im Rahmen der zeitreihenbasierten Energiesystemanalyse die Auslegung der Netzanschlüsse für das E-Lkw-Laden sowie die Quantifizierung notwendiger Netzausbaumaßnahmen erfolgen. Darüber hinaus können lokale Optimierungsmaßnahmen wie die Auslegung der Ladeinfrastruktur, der Einsatz eines

Lademanagements, die Nutzung variabler Tarife, die Versorgung der Fahrzeuge aus Eigenerzeugung oder das allgemeine Flexibilitätspotential untersucht werden.

Neben der direkten Anwendung der Methodik für ein vorliegendes Netzgebiet (exemplarisch dargestellt anhand konkreter zeitreihenbasierter Netzstudien in Kapitel 5) erlaubt der Ansatz eine Ableitung von parametrierbaren Standardlastprofilen und Gleichzeitigkeitsfaktoren charakteristischer Ladestandorte. Dies ermöglicht eine vereinfachte Nutzung des standortbezogenen Ansatzes für Netzplanerinnen und -planer, die diese Gleichzeitigkeitsfaktoren und Standardlastprofile lediglich an den entsprechenden Netzanschlüssen hinterlegen müssen. Dies hat den Vorteil, dass die komplexe individuelle zeitreihenbasierte Modellierung der Einzelstandorte entfällt. Die Ergebnisse solcher allgemeiner Analysen des modellierten Ladebedarfs werden in Kapitel 4 und daraus resultierende Erkenntnisse und Empfehlungen für die Netzplanung in Kapitel 6 näher vorgestellt.

3.5.2 Betrachtung von Energiesystemauswirkungen auf HöS-Ebene

Im rechten Teil von Abbildung 3-11 ist die Einbindung des fahrzeugbezogenen multilokalen Ansatzes in die überregionale Energiesystemplanung dargestellt. Die Betrachtung des individuellen Fahrverhaltens jedes Fahrzeugs erlaubt die Modellierung regional agierender Flotten. Durch die Anonymisierung[19] der Standorte im dieser Dissertation zugrundeliegenden Fahrtendatensatz ist eine Betrachtung einzelner Netzanschlüsse nicht möglich. Würden GPS-Daten der Fahrtenketten vorliegen, könnte der Ansatz jedoch dahingehend erweitert werden. Im Rahmen dieser Arbeit wird der fahrzeugbezogene multilokale Ansatz zur Untersuchung der Auswirkungen und Flexibilitätspotentiale von E-Lkw-Laden auf Höchstspannungs-Ebene (HöS) genutzt.

Zunächst muss eine Betrachtungsregion gewählt werden. Im Rahmen eines Flottenszenarios kann die Anzahl und Elektrifizierungsquote der E-Lkw in der Region vorgegeben werden. Außerdem legt ein Ladeszenario fest, wie oft und mit

[19] Dies liegt daran, dass durch die Anonymisierung keine Einzelstandorte identifizierbar sind, sondern nur noch eine Klassifizierung hinsichtlich der Parkmöglichkeit (Straße, eigenes Betriebsgelände, fremdes Betriebsgelände, eigenes Privateigentum, fremdes Privateigentum, andere, vgl. [43]) möglich ist. Dies ist für die Regionalisierung des Ladebedarfs zu ungenau.

welcher Leistung an den Stopps des Fahrzeugs nachgeladen wird. Für jedes Flotten- und Ladeszenario kann mittels des fahrzeugbezogenen multilokalen Ladeprofilmodellierungsansatzes ein Jahresmobilitäts- und Ladeprofil für jedes Fahrzeug der Flotte erstellt werden. Die Kumulation aller Profile resultiert in der Gesamtladelast der Betrachtungsregion. Im Rahmen der Energiesystemanalyse kann der Einfluss der Ladelast auf den regionalen Gesamtlastgang, die notwendige zeitabhängige Erzeugung zur Deckung des Bedarfs sowie die Flexibilitätspotentiale der Ladelast und deren Einsatz zur Erbringung von Systemdienstleistungen analysiert werden.

Auch in diesem Ansatz können die Ergebnisse der Ladebedarfsmodellierung zu jährlichen Standardlade- und Flexibilitätsprofilen eines E-Lkw abhängig von Fahrzeugtyp, Einsatzzweck und Ladeszenario verallgemeinert werden. Dadurch wird die vereinfachte Anwendung dieser Methodik für Netzplanerinnen und -planer ermöglicht. Diese müssen die Profile ausschließlich basierend auf der Anzahl der Fahrzeuge in ihrer Betrachtungsregion aggregieren. Die Analysen des Ladebedarfs je Fahrzeug werden ebenfalls in Kapitel 4 und daraus resultierende Erkenntnisse und Empfehlungen für die Netzplanung in Kapitel 6 thematisiert.

4 Analyse des Ladebedarfs charakteristischer E-Lkw-Ladestandorte und -Flotten

Die in Kapitel 3 vorgestellten Ansätze zur E-Lkw-Ladebedarfsmodellierung, die im Rahmen dieser Arbeit entwickelt wurden, können einerseits auf spezielle Einzelfälle und andererseits auf charakteristische Standardfälle von Ladestandorten und Flotten angewandt werden. Dieses Kapitel beschäftigt sich mit den Standardfällen und analysiert den Ladebedarf und das Flexibilitätspotential der E-Lkw charakteristischer Ladestandorte (Kapitel 4.1) und Flotten (Kapitel 4.2). Die Ergebnisse stellen eine Erweiterung der Analysen aus [90][20] dar. In diesem Kapitel wird aus Gründen der Übersichtlichkeit auf die mittleren Verläufe des Ladebedarfs eingegangen. Mit der beschriebenen Methodik können auch probabilistische Analysen durchgeführt werden. Dadurch lassen sich die Auftrittswahrscheinlichkeiten und Höhen von Lastspitzen exakter abschätzen. Im Rahmen der realen Fallstudien in Kapitel 5 wird die probabilistische Analyse näher thematisiert.

4.1 Betrachtung charakteristischer Ladestandorte

Um das Laden von E-Lkw optimal in die Logistikprozesse einzubinden, muss Ladeinfrastruktur an den Fahrzeugstandorten aufgebaut werden. Der Ladebedarf von E-Lkw an den Standorten[21] Distributionszentrum, Stückgut-Depot, Speditionszentrum, Lager, KEP-Depot und Autobahnraststätte wird im Rahmen dieses Kapitels mithilfe der standortbezogenen Ladebedarfsmodellierung aus Kapitel 3.3 quantifiziert und analysiert. Dabei müssen für jeden Standort lediglich charakteristische Parameter für dessen Größe und die Anteile der ankommenden Fahrzeugklassen angenommen werden. Alle weiteren Eigenschaften sind in der Ladebedarfsmodellierung bereits hinterlegt. Für die beschriebenen Standorte

---

[20] Dabei handelt es sich um Analysen der Autorin dieser Arbeit zum Ladebedarf an Logistikzentren.

[21] In der Realität liegen bei Logistikzentren häufig Mischtypen der beschriebenen Ladestandorte vor. Die Modellierung dieser Diversität kann jedoch über eine Aufteilung der Zentrumsfläche auf mehrere Logistikzentrumstypen erfolgen.

wurden die Parameter nach Tabelle 4-1 festgesetzt. Diese basieren auf den aus realen Daten erhobenen Standortmerkmalen aus Kapitel 3.2.

Tabelle 4-1: Charakterisierung der dargestellten Ladestandorte hinsichtlich Größe und Anteil an Lkw-Gewichtsklassen.

Ladestandorttyp	Größe	Anteil Lkw-Gewichtsklasse			
		3,5 t Lkw	7,5 t Lkw	18 t Lkw	>18 t Lkw
Distributionszentrum	1,25 ha	3 %	3 %	47 %	47 %
Stückgut-Depot	0,75 ha	0 %	0 %	50 %	50 %
Speditionszentrum	1 ha	0 %	0 %	50 %	50 %
Lager	0,8 ha	3,75 %	3,75 %	46,25 %	46,25 %
KEP-Depot	0,75 ha	30 %	30 %	20 %	20 %
Autobahnraststätte	100 Parkplätze	0 %	0 %	50 %	50 %

4.1.1 Vorstellung der Ladeszenarien

Im Rahmen dieser Untersuchung sollen die Auswirkungen unterschiedlicher Ladeszenarien analysiert werden. Nach Gleichung (3-7) besteht ein Ladeszenario $\boldsymbol{B}$ aus der Kombination jeweils eines Wertes der Laderestriktionsparameter: maximal verfügbare Ladeleistung P_{max}, Ladeinfrastruktur-Verfügbarkeit p_{LIS}, Soll-Ankunfts-SOC $SOC_{t_{\mathrm{A}},\mathrm{soll}}$, Soll-Ziel-SOC $SOC_{t_{\mathrm{D}},\mathrm{soll}}$, Ladeverhalten l und Mehrbedarfsdeckung b nach Gleichung (3-7). Diese können gemäß Tabelle 3-2 festgelegt werden. Im Rahmen dieser Analyse wird die Variation der Ladeszenarien auf ein übersichtliches Maß sich deutlich unterscheidender Szenarien reduziert. Dies erlaubt die Sensitivitätsanalyse des Ladebedarfs auf variierende Restriktionen. Tabelle 4-2 zeigt die gewählten Werte der Restriktionsparameter für die Ladebedarfsmodellierung. Alle weiteren Restriktionsparameter nehmen die in Kapitel 3.2.2 vorgegebenen Werte an.

Tabelle 4-2: Zusammenstellung der Laderestriktionen für die Ladebedarfsanalyse in dieser Arbeit.

Restriktionsparameter	Wert
Maximale Ladeleistung P_{max} / kW	3750 (MCS-Ladestandard)
Verfügbarkeit p_{LIS} / -	1
Soll-Ankunfts-SOC $SOC_{t_A,soll}$ / -	{0; anhand zuvor gefahrener Strecke}
Soll-Ziel-SOC $SOC_{t_D,soll}$ / -	{1; 0,8; anhand danach gefahrener Strecke}
Ladeverhalten l / -	{sofort; verzögert; gleichmäßig; flexibel}
Mehrbedarfsdeckung b / -	{Standzeitverlängerung; Zwischenladen}

Aus den Werten der Restriktionsparameter werden drei übergeordnete Szenarien abgeleitet. Diese orientieren sich an der nachgeladenen Energie, d.h. an den Restriktionsparametern Soll-Ankunfts-SOC $SOC_{t_{\mathrm{A}},\mathrm{soll}}$, Soll-Ziel-SOC $SOC_{t_{\mathrm{D}},\mathrm{soll}}$.

- Szenario 1 – Bedarfsladen: In Szenario 1 wird gerade so viel geladen, wie für eine Fahrt erforderlich ist. Dabei werden real gefahrene Einzelstrecken berücksichtigt. Dies entspricht beispielsweise einer Kombination von einem $SOC_{t_{\mathrm{A}},\mathrm{soll}}$ abhängig von der zuvor gefahrenen Strecke und einem $SOC_{t_{\mathrm{D}},\mathrm{soll}}$ von Eins.
- Szenario 2 – 80 %-Laden: Szenario 2 berücksichtigt ein Nachladen von 0 % auf 80 % der Batteriekapazität. Es geht demnach davon aus, dass die Fahrzeuge leer am Ladestandort ankommen und bis zum SOC von 0,8 laden.
- Szenario 3 – Vollladen: Szenario 3 nimmt ein vollständiges Laden der Batterie und demnach einen $SOC_{t_{\mathrm{A}},\mathrm{soll}}$ von Null und einen $SOC_{t_{\mathrm{D}},\mathrm{soll}}$ von Eins.

Für diese drei übergeordneten Szenarien können dann die Auswirkungen einer Variation der anderen Restriktionsparameter aus Tabelle 4-2 untersucht werden. In allen Szenarien wird von einer Elektrifizierung von 100 % der Lkw ausgegangen. Zu Bestimmung niedrigerer Durchdringungen müssen die Ergebnisse dementsprechend herunterskaliert werden. In den folgenden Unterkapiteln werden für die drei Szenarien das Verhalten der ankommenden Lkw, deren Energiebedarf, die dafür notwendige Auslegung der Ladeinfrastruktur, der daraus resultierende Ladelastgang sowie das Flexibilitätspotential der Ladevorgänge analysiert.

4.1.2 Ankunftsverhalten der Lkw

Die Anzahl, Ankunftszeit und Standdauer der Lkw an den unterschiedlichen Ladestandorten prägt den resultierenden Ladebedarf und mögliche Flexibilitätspotentiale entscheidend. Daher wird das Verhalten der ankommenden Lkw an den Ladestandorten in diesem Unterkapitel näher dargestellt. Das zeitliche Ankunftsverhalten wurde bereits in der Vorstellung der Standortmerkmale in 3.2.5 und 3.2.6 thematisiert. Daher fokussiert sich dieses Kapitel auf charakteristische Zahlen an ankommenden Lkw sowie deren ankunftszeitabhängige Standzeiten unterschieden nach den Ladestandorten.

Tabelle 4-3 zeigt die mittlere Anzahl an werktäglich ankommenden Lkw der modellierten Standorte sowie den Zeitraum mit den meisten Ankünften. Es ist erkennbar, dass hinsichtlich der ankommenden Lkw-Zahl unter den sechs in dieser Arbeit betrachteten Ladestandorten Stückgut- und KEP-Depots sowie Autobahnraststätten hervorragen und damit die Betrachtung und Netzintegration des Ladebedarfs dieser Standorte besonders relevant ist.

Tabelle 4-3: *Übersicht der mittleren Anzahl an werktäglich ankommenden Lkw und der Ankunftsspitzenzeiträume unterschieden nach den Ladestandorttypen mit durchschnittlichen Standortgrößen.*

	Ankommende Lkw	**Ankunftsspitze**
Distributionszentrum	202	9-12 / 15-18 Uhr
Stückgut-Depot	403	15-18 Uhr
Spedition	166	6-9 Uhr
Lager	64	9-12 Uhr
KEP-Depot	401	15-18 Uhr
Raststätte	445	8-13 Uhr

Abbildung 4-1 zeigt die Häufigkeitsverteilung der Standzeiten von Lkw an den unterschiedlichen Ladestandorten. Außer bei den Stückgut- und KEP-Depots dominieren dabei kurze Standzeiten von 0 bis 3 Stunden. Dennoch nehmen an allen Standorten Standzeiten über 3 Stunden 30 bis 50 % der ankommenden Lkw wahr. Mit 20 % Standzeiten über 12 Stunden sind lange Standzeiten bei Stückgut- und KEP-Depots besonders auffällig.

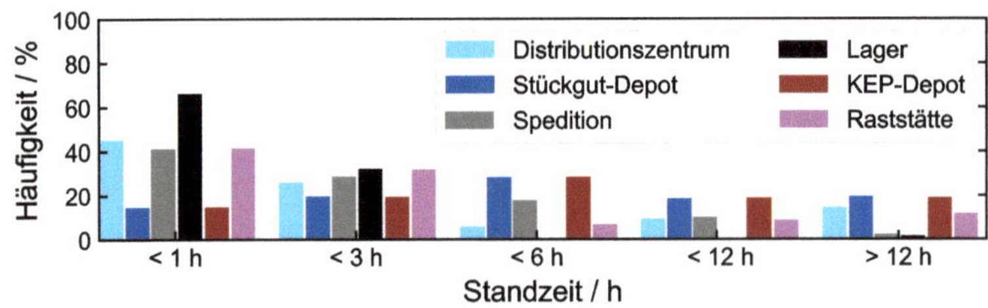

Abbildung 4-1: *Häufigkeitsverteilung der Standzeiten in Abhängigkeit der unterschiedlichen Ladestandorte.*

Die Standzeiten variieren in Abhängigkeit der Ankunftszeit des jeweiligen Lkw am Ladestandort. Abbildung 4-2 zeigt eine Übersicht der ankunftszeitabhängigen Standzeiten von Lkw. An den Logistikzentrumstypen Distributionszentrum und

Lager kommen nur tagsüber Fahrzeuge an. Bei den Stückgut- und KEP-Depots gibt es zwei Ankunftswellen: früh morgens und am frühen Abend. Die Fahrzeuge stehen auch hier teilweise bis zum Abend oder über Nacht mit hohen Standdauern. An Speditionszentren und Raststätten dagegen finden zu jeder Zeit Ankünfte statt. Die Standdauern an den Speditionszentren schwanken zwischen einer halben und 8 Stunden im Tagesverlauf. An den Raststätten herrschen zwischen 3 und 15 Uhr geringe Standzeiten vor. Bei Ankünften ab 15 Uhr steigt die Dauer der Standzeiten jedoch stark auf bis über 12 Stunden an, da die Fahrzeuge und Kraftfahrerinnen und -fahrer hier die Nacht verbringen.

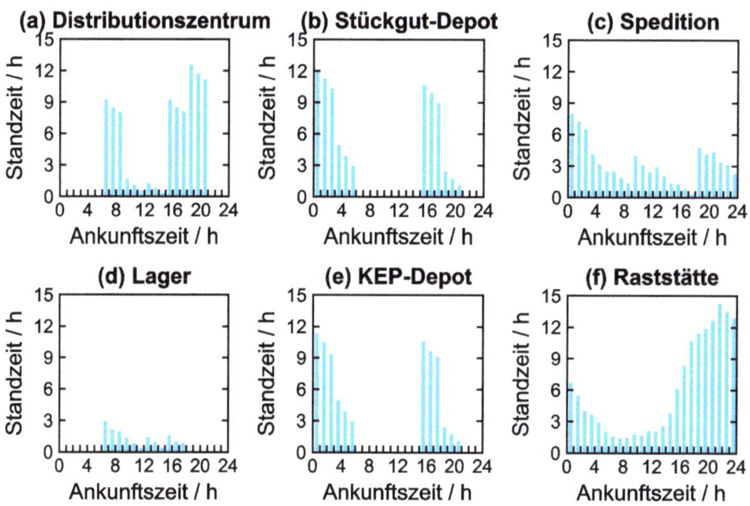

Abbildung 4-2: Übersicht der mittleren Standzeiten der ankommenden Lkw an den unterschiedlichen Ladestandorten in Abhängigkeit der Ankunftszeit.

4.1.3 Energiebedarf

Hinsichtlich des Energiebedarfs können der Ladebedarf je Fahrzeug und Ladevorgang sowie der Jahresladebedarf je Ladestandort unterschieden werden. Der Ladebedarf je Lkw hängt vom gewählten Fahrzeugtyp sowie dem Ladeszenario ab, jedoch nicht vom Ladestandort. Abbildung 4-3 zeigt den Ladebedarf je Lkw für die vier unterschiedlichen Lkw-Größenklassen abhängig des gewählten Ladeszenarios. Der Ladebedarf je Ladevorgang steigt dabei mit zunehmendem Lkw-Gesamtgewicht an, da mit steigender Gewichtsklasse die Fahrzeuge höhere

Verbräuche und Batteriekapazitäten aufweisen sowie längere Strecken zurücklegen (vgl. 3.2.3 und 3.2.4).

Wird in Szenario 1 nur eine Einzelfahrt nachgeladen, liegt der Ladebedarf je Ladevorgang im Mittel zwischen 149 kWh bei schweren Lkw über 18 t und 5 kWh bei 3,5 t Lkw. Dies ist geprägt durch die unterschiedlichen Fahrzeugverbräuche und Fahrtenstrecken. Demgegenüber steht in Szenario 3 das Vollladen der Fahrzeugbatterie von 0 auf 100 % zwischen 483 kWh bei schweren Lkw über 18 t und 65 kWh bei 3,5 t Lkw. Dies resultiert aus den Batteriekapazitäten der Fahrzeuge.

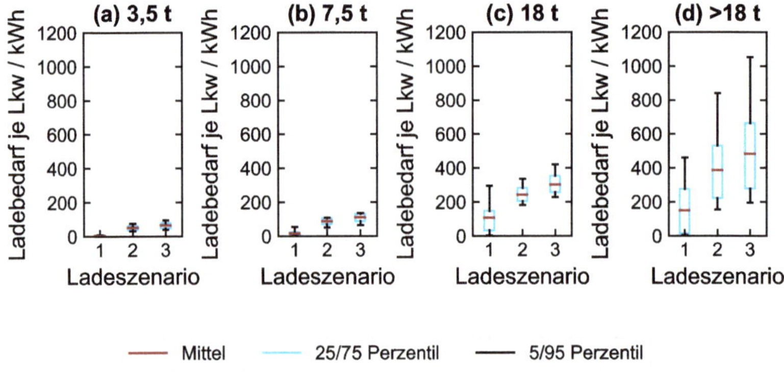

Abbildung 4-3: Ladebedarf je Lkw und Ladevorgang abhängig von Ladeszenario und Lkw-Gewichtsklasse.

Der Jahresladebedarf an den unterschiedlichen Ladestandorten hängt wiederum vom Ladebedarf je Lkw und Ladeszenario ab, darüber hinaus jedoch auch von der Art und Anzahl der am Ladestandort ankommenden Lkw und damit maßgeblich von den Standortcharakteristika. Abbildung 4-4 zeigt den kumulierten Jahresladebedarf aller ankommenden Lkw unterschieden nach Ladestandorttyp und Ladeszenario. So ist der Jahresladebedarf für Stückgut-Depots und Raststätten deutlich größer als für die anderen Ladestandorte, da hier erheblich mehr Fahrzeuge ankommen. Obwohl das KEP-Depot hinsichtlich der Anzahl ankommender Lkw anlehnend an das Stückgut-Depot modelliert wurde, ist der Jahresladebedarf dort kleiner, da hier leichtere Fahrzeugklassen mit niedrigeren Ladebedarfen dominieren. An den unterschiedlichen Logistikzentrumstypen kann beim Nachladen der zuvor gefahrenen Strecke in Szenario 1 ein Ladebedarf zwischen 2,1 GWh (Lager) und 15,6 GWh (Stückgut-Depot) im Jahr erwartet werden. Ist von einem

Vollladen aller Fahrzeuge in Szenario 3 auszugehen, steigt der Jahresladebedarf auf 6,5 bis 47,6 GWh an. An den Autobahnraststätten kann der Jahresladebedarf zwischen 17,8 GWh in Szenario 1 und 54,3 GWh in Szenario 3 liegen.

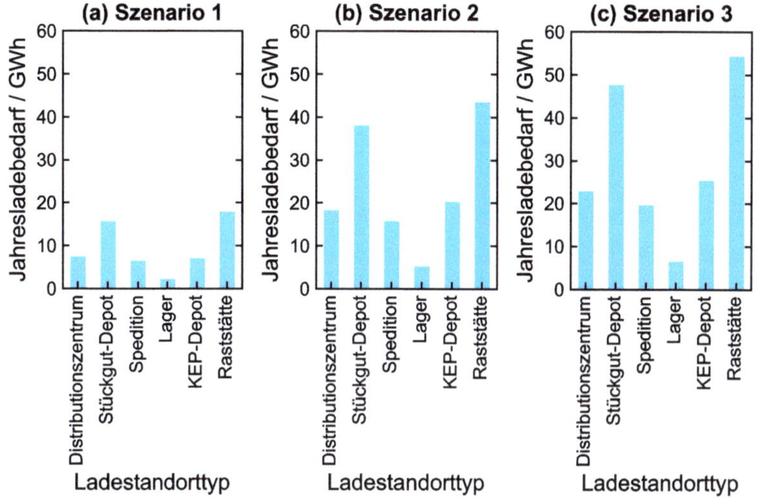

Abbildung 4-4: Kumulierter Jahresladebedarf aller ankommenden Lkw unterschieden nach Ladestandorttypen und Ladeszenarien.

4.1.4 Auslegung der Ladeinfrastruktur

Zur Auslegung der Ladeinfrastruktur an den Ladestandorten und damit auch zur Abschätzung der zu erwartenden Spitzenlast müssen die minimal notwendigen Ladeleistungen zur Deckung des Ladebedarfs der Lkw während der begrenzten Standzeiten bekannt sein. Diese minimal notwendigen Ladeleistungen hängen maßgeblich vom Energiebedarf der Fahrzeuge und deren Standzeiten ab. Abbildung 4-5 zeigt die Häufigkeitsverteilungen der minimal notwendigen Ladeleistungen je Lkw für die Szenarien 1 und 3. Die Verteilungen von Szenario 2 liegen zwischen denen von Szenario 1 und 3 und werden aus Gründen der Übersichtlichkeit hier nicht weiter thematisiert.

Aufgrund des geringeren Energiebedarfs in Szenario 1 (Nachladen der real gefahrenen Strecke) liegen die notwendigen Ladeleistungen niedriger als beim Vollladen der Batterie in Szenario 3. Es existieren deutliche Unterschiede zwischen den Ladestandorten. So ist selbst beim Vollladen der Batterie für KEP-Depots aufgrund der geringeren Fahrzeuggewichtsklassen, daraus resultierenden geringeren Batteriekapazitäten sowie langen Standzeiten für 60 % der Ladevorgänge ein Laden mit AC-Ladeleistungen bis 43 kW ausreichend. Sollte ein Laden am Logistikzentrumstyp Lager notwendig sein, wird dagegen für 60 % der Ladevorgänge eine Ladeleistung über 350 kW benötigt. Dies resultiert aus den vergleichsweise kurzen Standzeiten und schweren Lkw an dem entsprechenden Standort. Gleichzeitig zeigt sich aber auch, dass der neu geplante MCS-Ladestandard mit Ladeleistungen bis 3750 kW für nahezu alle Ladevorgänge ausreicht und an Raststätten selbst beim Vollladen nur zu weniger als 10 % der Ladevorgänge benötigt wird. Eine noch höhere Ladeleistung ist demnach in Zukunft im Lkw-Bereich vermutlich nicht notwendig.

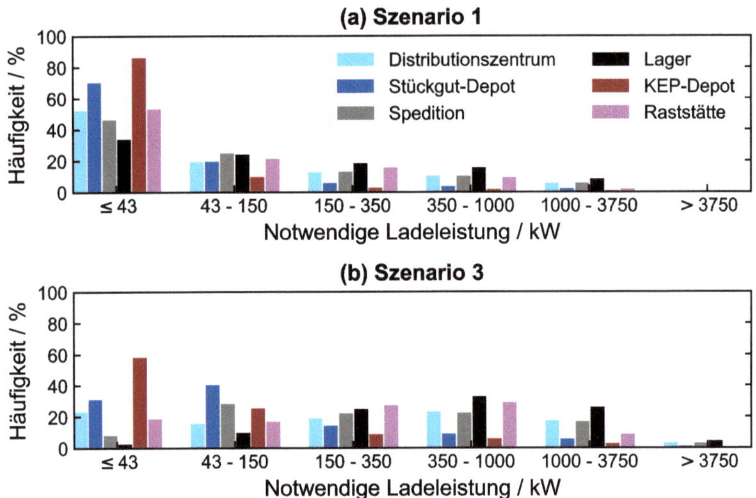

Abbildung 4-5: Häufigkeitsverteilungen der minimal notwendigen Ladeleistungen zur vollen Deckung des Ladebedarfs der Lkw während der begrenzten Standzeiten an den unterschiedlichen Ladestandorten für Szenario 1 und 3.

4.1.5 Lastgang

Für eine konventionelle Auslegung des Netzanschlusses ist die Kenntnis der Spitzenlasten des Ladebedarfs der einzelnen Ladestandorte ausreichend. Gerade bei der Kombination mit anderen Lasten wie dem sonstigen Verbrauch des

Ladestandorts oder regionaler erneuerbarer Erzeugung ist jedoch der zeitabhängige Verlauf der kumulierten Ladelast aller Ladevorgänge von besonderem Interesse. In den vorherigen Kapiteln wurde auf die Bedeutung von Raststätten und Stückgut-Depots für die Netzplanung als besonders energiebedarfsintensive Ladestandorte hingewiesen. Abbildung 4-6 zeigt den mittleren Wochenverlauf der kumulierten Ladelast durch Elektrifizierung aller dort ankommenden E-Lkw an diesen beiden Standorten beim gleichmäßigen Laden mit minimal erforderlicher Ladeleistung und einem Vollladen der Batterie (Szenario 3, Ladeverhalten aus Abbildung 3-5 (c)).

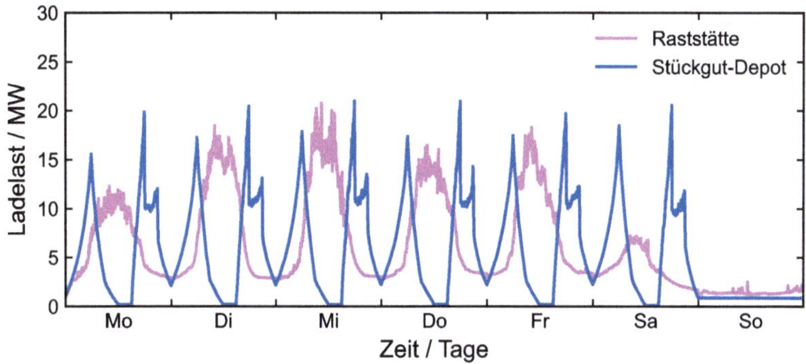

Abbildung 4-6: Mittlerer Wochenverlauf der kumulierten Ladelast an den Ladestandorten Raststätte und Stückgut-Depot beim gleichmäßigen Laden mit minimal erforderlicher Ladeleistung in Szenario 3.

Am Stückgut-Depot zeigen sich werktags deutliche Lastspitzen am Vormittag und am Nachmittag von 15 bis 20 MW, während am Mittag nicht geladen wird. Da das Zentrum sonntags nicht in Betrieb ist, verbleibt nur eine im Verhältnis geringe gleichbleibende Last der vom Samstag verbleibenden Lkw in Höhe von 1 MW. Die kumulierte Ladelast der Autobahnraststätte weist im Gegensatz zum Stückgut-Depot ihr Maximum mit ebenfalls etwa 20 MW werktags um die Mittagszeit auf. Hier kommen besonders viele Lkw an, verweilen jedoch nur kurz, was hohe notwendige Ladeleistungen impliziert. Nachts stehen besonders viele Fahrzeuge gleichzeitig an der Raststätte, aufgrund der langen Standzeit ist die kumulierte Ladelast jedoch mit etwa 4 MW deutlich geringer als mittags. Samstags wird an der Raststätte ein reduzierter Peak und sonntags aufgrund des Fahrverbots für Lkw auf Autobahnen kein ausgeprägter Peak erreicht.

Abbildung 4-7 zeigt vergleichend zu Abbildung 4-6 den mittleren Wochenverlauf der Ladelast an den Standorten beim Laden mit maximaler Ladeleistung und sofortigem Ladebeginn unter Annahme des MCS-Ladestandard mit 3750 kW. Es können dabei aufgrund der hohen Ladeleistung Ladeprozesse auch deutlich vor der Abfahrt abgeschlossen sein. Dadurch entstehen höhere Lastspitzen als beim Laden mit minimaler Ladeleistung und länger andauernde Ladepausen. Es ist unwahrscheinlich, dass dieser Ladestandard für alle ankommenden Lkw angeboten wird, zumal 4.1.4 gezeigt hat, dass er nur von einem geringen Anteil der Flotte benötigt wird. Das Auftreten eines solchen Maximalszenarios ist daher in der Realität eher unwahrscheinlich, limitiert den prognostizierten Ladelastgang aber nach oben.

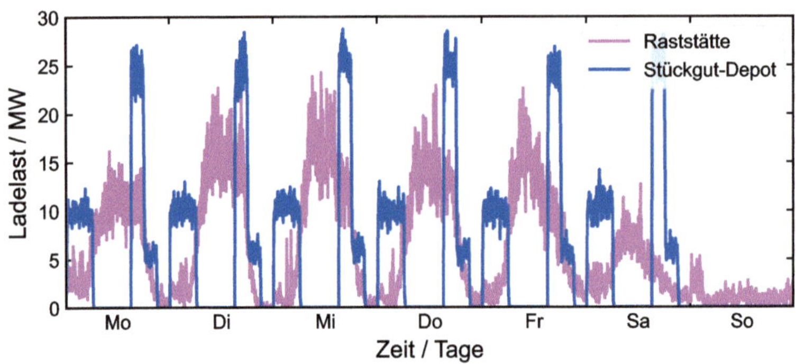

Abbildung 4-7: Mittlerer Wochenverlauf der kumulierten Ladelast an den Ladestandorten Raststätte und Stückgut-Depot beim Laden mit maximaler Ladeleistung in Szenario 3.

Da basierend auf den Logistikzentrumsdaten aus [28] das Ankunftsverhalten von Lkw an Logistikzentren für alle Werktage außer Sonntag als gleich angenommen wurde, unterscheiden sich die Lastgänge der einzelnen Werktage nur marginal. Damit ist der Mehrwert der Wochendarstellung für Logistikzentren nicht gegeben. Im Folgenden werden daher für alle Ladestandorte nur noch Werktagsverläufe dargestellt.

Abbildung 4-8 und Abbildung 4-9 zeigen die mittleren Werktagsverläufe der kumulierten Ladelast für alle sechs unterschiedlichen Ladestandorte. Dabei wird wieder zwischen dem gleichmäßigen Laden mit minimal notwendiger

Ladeleistung (Abbildung 4-8) und maximal technisch möglicher Ladeleistung (3750 kW, Abbildung 4-9) unterschieden. Beide Abbildungen thematisieren alle drei angenommenen Ladeszenarien. Die Spitzenlasten, die in Szenario 1 erreicht werden, liegen in etwa bei einem Drittel der Spitzenlasten von Szenario 3.

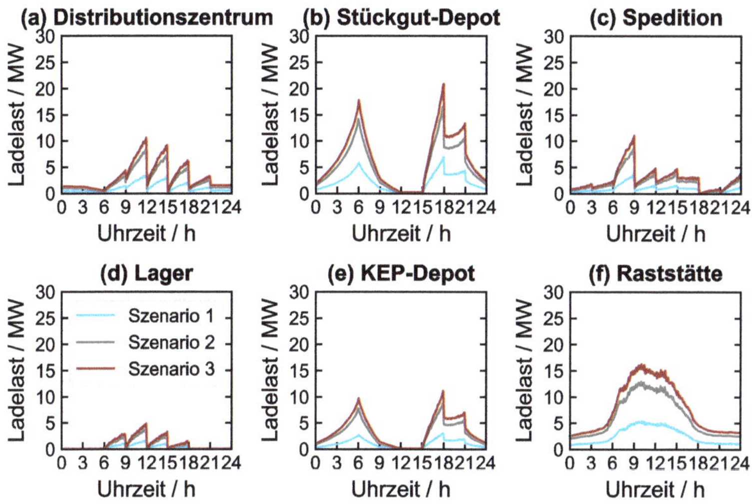

Abbildung 4-8: Mittlerer Werktagsverlauf der kumulierten Ladelast an den unterschiedlichen Ladestandorten beim gleichmäßigen Laden mit minimal notwendiger Ladeleistung für die Ladeszenarien 1, 2 und 3.

Je nach Ladestandortcharakteristik unterscheiden sich die Kurven der kumulierten Ladelasten stark in ihrem Absolutwert und ihrem Zeitverhalten. An Stückgut-Depots und Raststätten treten besonders hohe Ladebedarfe auf, an typischen Lagerstandorten im Vergleich besonders geringe. Während bei Stückgut- und KEP-Depots zukünftig das Nachtladen dominieren kann, treten an den Logistikzentrumstypen Distributionszentrum und Lager die Ladebedarfe hauptsächlich tagsüber auf. Das Speditionszentrum bildet eine Mischung aus beiden. Bei allen Logistikzentren zeigt sich eine starke dreistündige Zyklisierung der Ladelast, die auf der 3 h-Auflösung der logistischen Eingangsdaten aus [28] beruht. Auch an der Raststätte tritt die Spitzenlast tagsüber auf, da hier viele Lkw in kurzer Zeit ankommen und nur kurzzeitig stehen.

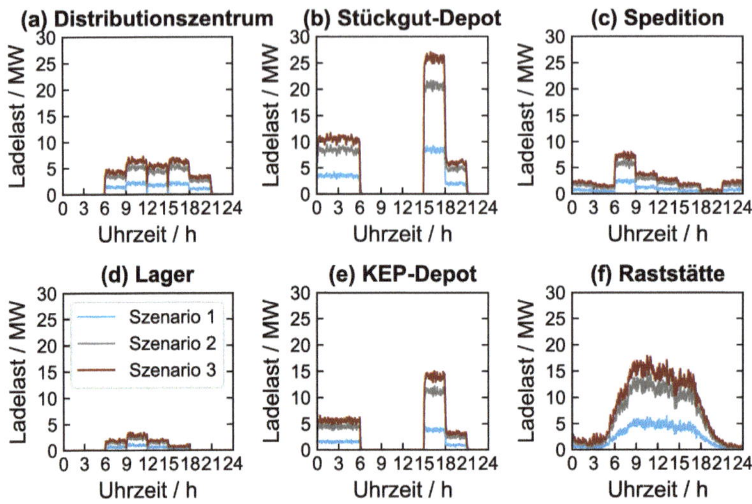

Abbildung 4-9: Mittlerer Werktagsverlauf der kumulierten Ladelast an den unterschiedlichen Ladestandorten beim sofortigen Laden mit maximaler Ladeleistung für die Ladeszenarien 1, 2 und 3.

Zum heutigen Zeitpunkt kann noch nicht abgeschätzt werden, ob tatsächlich, wie in Szenario 1, bei jedem Ladeprozess nur für eine Einzelfahrt nachgeladen oder immer vollgeladen wird. Dies hängt neben der zukünftigen Durchdringung von Ladeinfrastruktur auch stark von Preisen und Betriebsabläufen ab. Die Zeitreihen für Szenario 1 und 3 geben dadurch zumindest einen realitätsnahen Rahmen, innerhalb dessen sich die Ladelast an den Standorten zukünftig bewegen kann. Gleiches gilt für die minimale und maximale Ladeleistung.

4.1.6 Flexibilitätspotential

Durch ihre großen Batteriekapazitäten und die planbaren logistischen Einsätze ist die Nutzung der Flexibilitätspotentiale von E-Lkw, z.B. im Rahmen von lokalen Optimierungen durch Lademanagements oder zur Bereitstellung von Systemdienstleistungen, von besonderem Interesse. In diesem Kapitel wird analysiert, inwieweit sich die Ladevorgänge der E-Lkw an den Ladestandorten flexibilisieren lassen. Die dargestellten Flexibilitätspotentiale in diesem Unterkapitel basieren auf den in [90] vorgestellten Analysen der Autorin dieser Dissertation. Sie wurden um den Standort Raststätte erweitert. Abbildung 4-10 zeigt die

Auswirkungen der Ladestrategien sofortiges, verzögertes und gleichmäßiges Laden während der Aufenthaltszeit bei einer maximalen Ladeleistung von 3750 kW in Szenario 3. Besonders bei Standorten, an denen die Fahrzeuge über Nacht stehen, lassen sich durch ein Lademanagementsystem Lastspitzen sehr weit verschieben, bis in die Morgenstunden bei Stückgut- und KEP-Depots sowie Raststätten. Die Nutzung der minimal erforderlichen Ladeleistung je Fahrzeug führt bereits zu einer sichtbaren Lastspitzenreduktion. Der Gesamtlastgang könnte jedoch noch weiter geglättet werden. Die Potentiale eines Lademanagements auf den Gesamtlastgang eines Logistikzentrums wurden bereits in [9][22] thematisiert und werden daher hier nicht näher betrachtet.

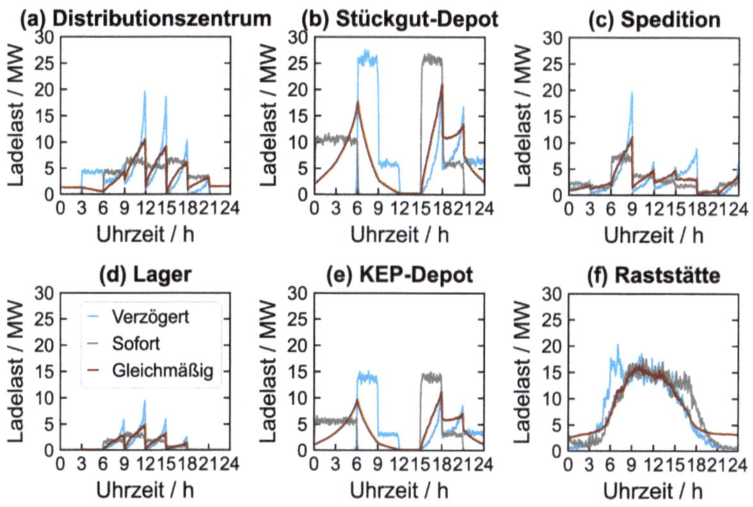

Abbildung 4-10: Auswirkungen der Ladestrategien verzögert, sofort und gleichmäßig auf den mittleren Werktagsverlauf der kumulierten Ladelast an den unterschiedlichen Ladestandorten in Szenario 3.

Um das Flexibilitätspotential der Ladevorgänge noch genauer zu quantifizieren, ist in Abbildung 4-11 das zeitliche Verschiebungspotential in den kumulierten Ladelasten für die unterschiedlichen Ladestandorte in Szenario 3 beim Laden mit

---

[22] Im Rahmen des Forschungsprojekts FELSeN untersuchte die Autorin dieser Dissertation die Flexibilitätspotentiale von Logistikzentren, was die Elektromobilität am Logistikzentrum miteinschloss.

maximaler Ladeleistung dargestellt. Die Farbgebung zeigt dabei an, welcher Anteil der Ladelast zu jedem Zeitpunkt um welchen Zeitraum verschiebbar ist. Ein besonders hohes Flexibilitätspotential zeigt sich dabei durch rosafarbene Einfärbungen, die bedeuten, dass die Last um mehr als 12 Stunden verschoben werden kann. Dies ist insbesondere bei abendlichen Ankünften an Stückgut-Depots, KEP-Depots und Raststätten der Fall. Generell verfügen aber alle Ladestandorte über ein signifikantes Flexibilitätspotential. Lediglich der rot eingefärbte Anteil der Last kann um weniger als eine Stunde verschoben werden und wird daher als nicht flexibel angesehen.

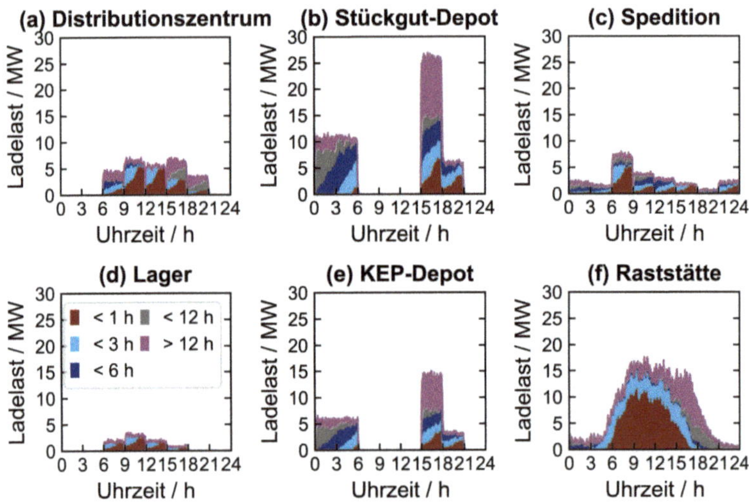

Abbildung 4-11: Zeitliches Verschiebungspotential der kumulierten Ladelasten an den Ladestandorten in Szenario 3 beim Laden mit maximaler Ladeleistung.

Die Betrachtung charakteristischer Ladestandorte ermöglicht einen wichtigen Ausblick auf den zukünftigen Energiebedarf, die Auslegung der Ladeinfrastruktur, den Lastgang und das Flexibilitätspotential von E-Lkw. Die deutlichen Unterschiede zwischen den Standorten zeigen die Bedeutung ihrer getrennten Analyse. Dadurch können zudem Standort-Prioritäten in der Netzplanung gesetzt werden. So können Netzgebiete mit Ladestandorten, an denen sehr hohen Ladebedarfe erwartet werden, besonders früh ausgebaut werden. Allein das Flexibilitätspotential durch Lastverschiebung erweist sich an allen Lkw-Ladestandorten als hoch. Eine Nutzung dieser Flexibilitäten kann demnach in Zukunft vielversprechend sein. Durch die Betrachtung des bidirektionalen Ladens kann sich das Flexibilitätspotential noch weiter erhöhen, eine detaillierte Betrachtung dieser Flexibilitätspotentiale und ihres Einsatzes ist damit relevant für zukünftige weitere Untersuchungen im Bereich E-Lkw-Laden.

4.2 Betrachtung charakteristischer Flotten

Eine Alternative zur Analyse des E-Lkw-Ladens anhand der festen Ladestandorte ist die Betrachtung von charakteristischen Fahrzeugflotten und deren Mobilitätsverhalten. Dadurch können Prozesse, die über den Einzelstandort hinaus gehen, untersucht werden, wie beispielsweise das Verhalten und der Ladeinfrastrukturbedarf einer Firmenflotte, die überregional agiert. Auch erlaubt es die Bewertung der Ladebedarfe unterschieden nach den Lkw-Gewichtsklassen. Im Rahmen dieses Kapitels werden Fahrzeugflotten mit jeweils 100 Fahrzeugen der Lkw-Gewichtsklassen bis 3,5 t, bis 7,5 t, bis 18 t und über 18 t untersucht. Mit dem fahrzeugbezogenen Ansatz aus Kapitel 3.4 wird der Ladebedarf dieser vier Flotten quantifiziert und analysiert. Dabei muss für jede Flotte nur die Anzahl und Art der Fahrzeuge nutzerseitig angegeben werden. Alle weiteren Informationen, wie Mobilitätsverhalten oder Fahrzeugparameter, sind bereits in der Ladebedarfsmodellierung hinterlegt.

4.2.1 Vorstellung des Ladeszenarios

Durch den fahrtenkettenbasierten Ansatz reduziert sich die Zahl der Ladeszenarien im Vergleich zum vorherigen Kapitel auf eines, dem Nachladen der vorangegangenen Strecke bei unterschiedlichen Ladeinfrastrukturverfügbarkeiten. Dennoch ergeben sind Unterschiede durch die Variation der Parameter aus Tabelle 4-4. Diese Parameter erlauben die Untersuchung der Sensitivität des Ladebedarfs auf variierende Randbedingungen. Im Unterschied zum vorherigen Kapitel ermöglicht der fahrzeugbezogene Ansatz eine Untersuchung der Auswirkungen einer reduzierten Ladeinfrastrukturverfügbarkeit auf die gesamte Mobilitätskette. Daher wird die Verfügbarkeit von 100 % und 33 % untersucht.

In den folgenden Unterkapiteln wird zunächst das Mobilitätsverhalten der unterschiedlichen Flotten auf Fahrzeugebene charakterisiert, ehe auf deren

Energiebedarf, die Auslegung der Ladeinfrastruktur, den zeitlichen Verlauf der Ladelast und das Flexibilitätspotential der Ladevorgänge eingegangen wird.

Tabelle 4-4: Zusammenstellung der Ladeszenarien für die Ladebedarfsanalyse in diesem Kapitel.

Restriktionsparameter	**Wert**
Maximale Ladeleistung P_{max} / kW	{350; 3750}
Verfügbarkeit p_{LIS} / -	{0,33; 1}
Soll-Ankunfts-SOC $SOC_{t_A,soll}$ / -	anhand zuvor gefahrener Strecke
Soll-Ziel-SOC $SOC_{t_D,soll}$ / -	{1; 0,8; anhand danach gefahrener Strecke}
Ladeverhalten l / -	{sofort; verzögert; gleichmäßig; flexibel}
Mehrbedarfsdeckung b / -	Standzeitverlängerung

4.2.2 Mobilitätsverhalten der Fahrzeuge

Der Ladebedarf der Flotten hängt maßgeblich von ihrem Mobilitätsverhalten ab. Die der Modellierung zugrunde liegenden Mobilitätsdaten wurden bereits in Kapitel 3.2.4 vorgestellt. Dieses Kapitel fokussiert sich daher auf eine Zusammenstellung der wichtigsten Informationen, welche die Ladelast besonders prägen. Außerdem erlaubt es eine Validierung dessen, ob die Mobilitätsdaten in der Fahrtenkettenerstellung korrekt berücksichtigt werden. Abbildung 4-12 zeigt die Fahrwahrscheinlichkeit der unterschiedlichen Gewichtsklassen in Abhängigkeit des Typtags.

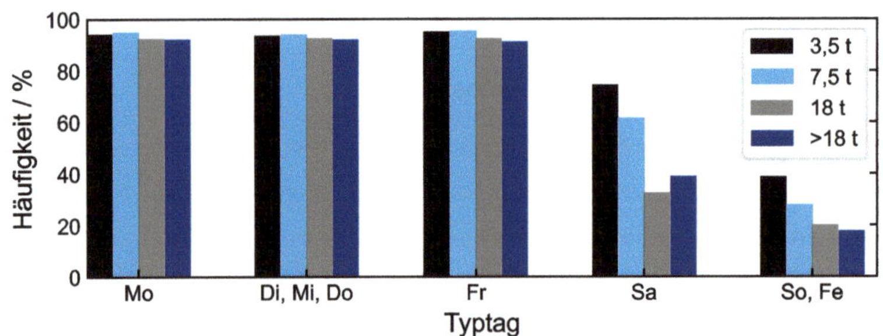

Abbildung 4-12: Übersicht der Fahrwahrscheinlichkeit für die unterschiedlichen Fahrzeugflotten in Abhängigkeit der Typtage.

Von Montag bis Freitag ist diese Fahrwahrscheinlichkeit bei allen Flotten mit über 90 % am höchsten. Generell liegen die Fahrwahrscheinlichkeiten für die beiden leichteren Gewichtsklassen etwas höher als für die beiden schwereren. Am Wochenende sinkt die Fahrwahrscheinlichkeit deutlich ab, bei den schwereren

Fahrzeugen in erheblich größerem Ausmaß als bei den leichteren. Im Unterschied zum standortbezogenen Ansatz werden dennoch Teile der Flotten auch sonntags bewegt. Dies resultiert aus Ausnahmegenehmigungen für unterschiedliche Branchen, aus der Berücksichtigung von mehreren Wirtschaftszweigen außerhalb der Logistik, aber auch aus den leichteren Gewichtsklassen, die von den Fahrverboten nicht betroffen sind.

In Tabelle 4-5 sind die wichtigsten Kennwerte des Mobilitätsverhaltens der Fahrzeuge der unterschiedlichen Gewichtsklassen zusammengestellt. Dabei handelt es sich jeweils um die gemittelten Werte der Fahrtenlänge, Fahrtanzahl, Fahrleistung, Beginn und Ende der Fahrten sowie der nächtlichen Standzeit und Zwischenstoppdauer.

Tabelle 4-5: Zusammenstellung der wichtigsten Kennwerte des Mobilitätsverhaltens für Fahrzeuge der unterschiedlichen Fahrzeugflotten.

Gewichtsklasse	3,5 t	7,5 t	18 t	>18 t
Fahrtenlänge / km	23,5	33,1	74,3	74,5
Tägliche Fahrtanzahl / -	3,8	3,9	4,1	4,4
Tägliche Fahrleistung / km	88,3	129,0	305,5	330,0
Beginn der ersten Fahrt / hh:mm	08:11	07:24	06:44	06:44
Ende der letzten Fahrt / hh:mm	14:51	14:19	14:42	15:02
Nächtliche Standzeit / hh:mm	17:19	17:04	16:02	15:42
Zwischenstoppdauer / hh:mm	01:28	01:08	00:56	00:55

Die Fahrtenlängen und Fahrleistungen steigen dabei mit steigender Gewichtsklasse deutlich an und stimmen mit den Angaben aus Kapitel 3.2.4 überein. Das Mobilitätsverhalten wird in der Modellierung demnach korrekt abgebildet. Die Anzahl der täglichen Fahrten liegt deutlich unter den Werten aus 3.2.4. Dies liegt daran, das innerhalb der KiD-Studie Fahrten mit mehreren kurzen Stopps (wie beispielsweise bei der Paketauslieferung) zu einer Fahrt kumuliert wurden. Dadurch entsprechen die Einzelfahrten im KiD-Datensatz nicht mehr diesen Teilfahrten, sondern einer daraus errechneten Gesamtfahrt. Dies wirkt sich daher auf die Anzahl der Stopps in den synthetischen Fahrtenketten aus, auf das Gesamtergebnis hinsichtlich der Tagesfahrleistungen hat dies jedoch keinen Einfluss, da dies in den Fahrtstrecken bereits berücksichtigt ist.

Die Anzahl der Fahrten gibt gleichzeitig die Anzahl der theoretisch möglichen Ladepausen an. Alle Fahrzeugklassen legen gemäß Tabelle 4-5 täglich rund vier

Pausen ein. Die Fahrten beginnen mit zunehmender Gewichtsklasse immer früher morgens. Lange nächtliche Standdauern bei allen Fahrzeugen weisen darauf hin, dass hier erhebliche Flexibilitätspotentiale für die Steuerung der Ladevorgänge bestehen können. Dies liegt auch an der Betrachtung des innerdeutschen Wirtschaftsverkehrs in der KiD-Studie, im europäischen Wirtschaftsverkehr können durch Belegung eines Lkw mit mehreren Kraftfahrerinnen und -fahrern deutlich geringere Standzeiten auftreten.

4.2.3 Energiebedarf

Bei der Betrachtung der Flotten sind für den Energiebedarf andere Kenngrößen interessant als bei den Ladestandorten. So wird bereits durch den standortbezogenen Ansatz in Szenario 1 abgebildet, welcher Ladebedarf beim Nachladen einer einzelnen zuvor gefahrenen Strecke anfallen kann. Die fahrzeugbezogene Betrachtung in der Flottenmodellierung erlaubt aber auch die Bestimmung des täglich, wöchentlich oder jährlich anfallenden Ladebedarfs je Lkw. Dieser ist in Abbildung 4-13 dargestellt.

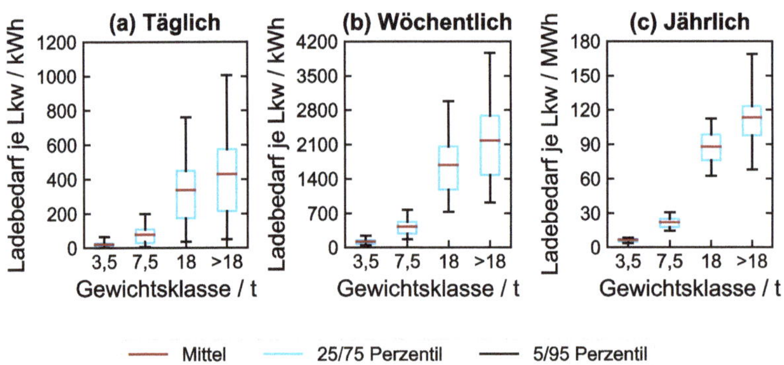

Abbildung 4-13: Verteilung des Ladebedarfs je Lkw und Gewichtsklasse für unterschiedliche Zeithorizonte.

An Ladetagen fällt demnach für einen Lkw unter 3,5 t ein mittlerer Ladebedarf von 20 kWh an, für einen Lkw über 18 t sind es 430 kWh. Pro Jahr liegt der Ladebedarf im Mittel zwischen 6,1 MWh für einen Lkw unter 3,5 t und 113 MWh für einen Lkw über 18 t. Dabei können die Ladebedarfe innerhalb einer Gewichtsklasse deutlich schwanken, was an der Varianz der Strecken und Fahrzeugverbräuche liegt. Um zu bestimmen, wie viele Ladestopps zur Deckung des täglichen

Ladebedarfs benötigt werden, und was dies für die Verfügbarkeit von Ladeinfrastruktur bedeutet, werden nachfolgend unterschiedliche Batteriegrößenszenarien betrachtet. Diese lehnen sich an die technischen Fahrzeugparameter aus Kapitel 3.2.3 an und können für jede Gewichtsklasse als klein, mittel und groß klassifiziert werden. Die gewählten Batteriegrößen für die Szenarien sind in Tabelle 4-6 aufgeführt.

Tabelle 4-6: Übersicht der gewählten Batteriegrößenszenarien für die Bestimmung des mittleren Ladestoppbedarfs.

Gewichtsklasse	3,5 t	7,5 t	18 t	>18 t
Batteriekapazität „klein“ / kWh	40	50	200	200
Batteriekapazität „mittel“ / kWh	70	100	300	600
Batteriekapazität „groß“ / kWh	100	150	400	1000

In Abbildung 4-14 (a) ist die Anzahl der im Mittel notwendigen täglichen Ladestopps je Fahrzeug einer Gewichtsklasse für die unterschiedlichen Batteriegrößenszenarien dargestellt. Bei einer kleinen Batteriekapazität sind je nach Gewichtsklasse demnach mehr als doppelt so viele Ladestopps notwendig als bei einer großen. Bei einer mittleren Auslegung der Batteriegröße muss für die leichteste Gewichtsklasse nur jeden dritten Tag geladen werden, bei der Gewichtsklasse bis 18 t sind 1,1 Ladestopps am Tag notwendig. Dies entspricht zwei Ladestopps. Demnach passen die aktuell angebotenen Fahrzeugreichweiten bereits gut zur täglichen Fahrleistung der Fahrzeuge und sind damit in vielen Fällen praxistauglich.

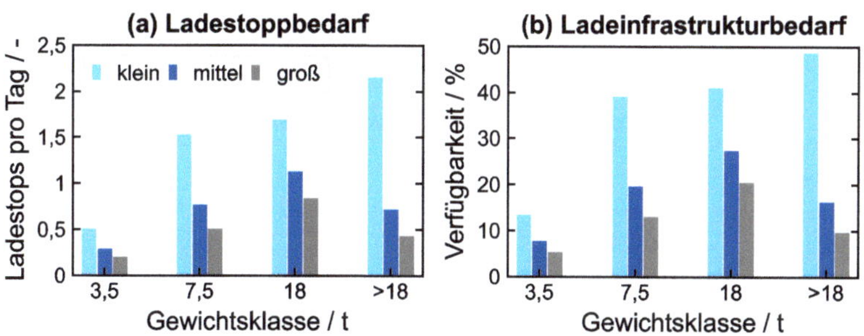

Abbildung 4-14: Übersicht der mittleren Anzahl an notwendigen Ladestopps je Gewichtsklasse und der dafür notwendigen Ladeinfrastrukturverfügbarkeit für die Batteriegrößenszenarien klein, mittel und groß.

Abbildung 4-14 (b) zeigt mit der notwendigen Ladeinfrastrukturverfügbarkeit an, welcher Anteil der Fahrzeugstandorte mit Ladeinfrastruktur ausgestattet werden muss, um das bisherige Mobilitätsverhalten bei einer Elektrifizierung weiter umsetzen zu können. Dabei handelt sich um eine Mittelwertbetrachtung, welche nicht alle Fälle abdeckt. Je nachdem welcher Anteil der Fahrleistungen berücksichtigt werden soll, muss die Verfügbarkeit dementsprechend nach oben angepasst werden. Außerdem gelten auch diese Ergebnisse nur für den innerdeutschen Verkehr. Der europäische Fernverkehr bedarf aufgrund höherer Fahrleistungen auch einer höheren Verfügbarkeit.

4.2.4 Auslegung der Ladeinfrastruktur

Neben der Ladeinfrastrukturquote ist die Auslegung der Ladeinfrastruktur hinsichtlich der notwendigen Ladeleistungen relevant. Diese bestimmt sich aus dem jeweiligen Ladebedarf am Ladestopp sowie der Aufenthaltsdauer und gibt die minimale Ladeleistung zur Deckung des Ladebedarfs ohne Verzögerung der logistischen Prozesse an. Abbildung 4-15 zeigt die Häufigkeitsverteilungen der notwendigen Ladeleistungen unterschieden nach den Lkw-Gewichtsklassen für eine Ladeinfrastrukturverfügbarkeit von 100 % und 33 %.

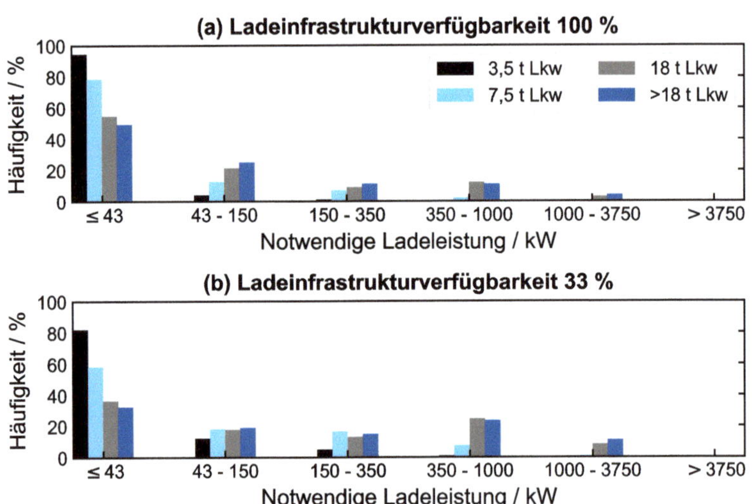

Abbildung 4-15: Häufigkeitsverteilungen der notwendigen Ladeleistungen für die unterschiedlichen Lkw-Gewichtsklassen bei einer Verfügbarkeit von 100 % und 33 %.

Bei einer niedrigeren Durchdringung entfällt demnach ein höherer Ladebedarf auf einen Ladestandort, wodurch die notwendige Ladeleistung steigt. Generell benötigen die leichteren Gewichtsklassen eine niedrigere Ladeleistung als die schwereren. Bei einer Verfügbarkeit von 100 % ist für mehr als 90 % der Lkw unter 3,5 t eine Ladeleistung von weniger als 43 kW ausreichend. Bei den schweren Lkw über 18 t gilt dies für 50 % der Fahrzeuge. Auch hier zeigt sich, dass der MCS-Ladestandard von bis zu 3750 kW nur von einem geringen Teil der schweren Lkw benötigt wird.

4.2.5 Lastgang

Zur Bewertung der Auswirkungen auf das Energiesystem ist neben dem Energiebedarf vor allem der zeitabhängige Leistungsbedarf der E-Lkw relevant. Abbildung 4-16 zeigt den mittleren Verlauf der wöchentlichen Ladelast bei einer Elektrifizierung von 100 % und dem Laden mit minimal notwendiger Ladeleistung. Dabei wurde der Ladebedarf einer Flottengröße von 100 Fahrzeugen auf ein Einzelfahrzeug skaliert. Die Größe der Flotte prägt die Gleichzeitigkeit der Ladevorgänge und demnach die Höhe der Ladelast je Lkw. Eine Variation der Flottengröße und ihre Auswirkungen auf die Ladelast wird in Kapitel 6 weiter vertieft.

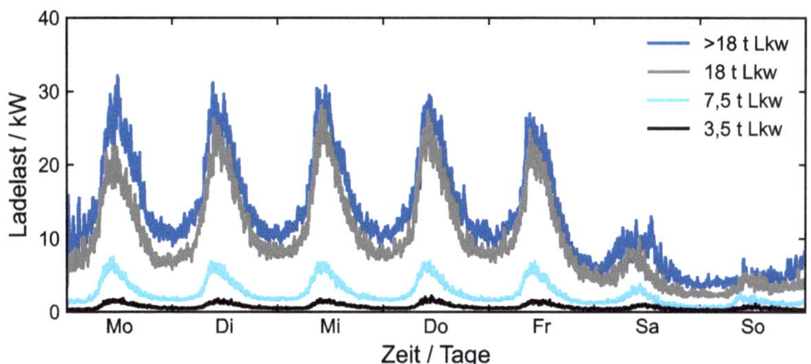

Abbildung 4-16: Mittlerer Verlauf der Wochenlast eines Lkw beim gleichmäßigen Laden mit minimaler Ladeleistung und 100 % Ladeinfrastrukturquote bei einer Flottengröße von 100 Fahrzeugen und einem Jahr Simulationszeitraum.

Zwischen den unterschiedlichen Größenklassen existieren deutliche Unterschiede in dem Absolutwert der Spitzenleistungen. Generell werden die Lastspitzen am Mittag erreicht, da viele Fahrzeuge hier ihre erste Pause einlegen.

Während die Lastspitzen von Lkw bis 18 t und Lkw über 18 t Werte von bis zu 32,1 kW je Fahrzeug erreichen, liegen die Lastspitzen der Lkw unter 3,5 t nur bei 2,1 kW. An Samstagen und Sonntagen reduzieren sich die Lastspitzen aufgrund der geringeren Fahrwahrscheinlichkeit deutlich, es liegt aber weiterhin ein Ladebedarf vor.

4.2.6 Flexibilitätspotential

Die mittags anfallenden Lastspitzen bei der Analyse des Ladebedarfs im vorherigen Kapitel resultieren direkt aus dem Fahr- und Pausenverhalten der Lkw. Diese fallen zu einem Zeitpunkt an, in welchem auch im gesamten elektrischen Energiesystem oft ein hoher Leistungsbedarf vorherrscht. Es ist daher von besonderem Interesse zu untersuchen, inwieweit die Lastspitzen flexibel in andere Zeiträume verschoben werden können. Im Rahmen dieses Kapitels wird das Flexibilitätspotential der Ladevorgänge hinsichtlich der Höhe der Lastspitzen und der zeitlichen Verschiebbarkeit untersucht. Abbildung 4-17 zeigt die Auswirkungen der unterschiedlichen Ladestrategien verzögert, sofort und gleichmäßig bei einer Ladeleistung von maximal 3750 kW auf den mittleren Verlauf der Werktagsladelast je Lkw. Durch die Betrachtung mittlerer Verläufe für einen Lkw bei einer Flottengröße von 100 Fahrzeugen liegen die Spitzenlasten deutlich unter der maximalen Ladeleistung.

Durch das gleichmäßige Laden entsteht eine signifikante Glättung der Ladevorgänge. Durch eine Verschiebung auf den spätestmöglichen Ladezeitpunkt, was die Ladelast in die frühen Morgenstunden schiebt, kann der Lastgang stark verändert werden. Die angenommene Ladeleistung ist für die 3,5 t und 7,5 t Lkw stark überdimensioniert. Dies führt dazu, dass Ladeprozesse in weniger als einer Minute abgeschlossen sind. Da die minimale Auflösung im Rahmen dieser Arbeit jedoch einer Minute entspricht, führt dies zu einer Fehleinschätzung des Ladebedarfs in den Lastgängen. Daher wird für die 3,5 t und 7,5 t Lkw für die weitere Flexibilitätspotentialuntersuchung eine maximale Ladeleistung von 350 kW angenommen.

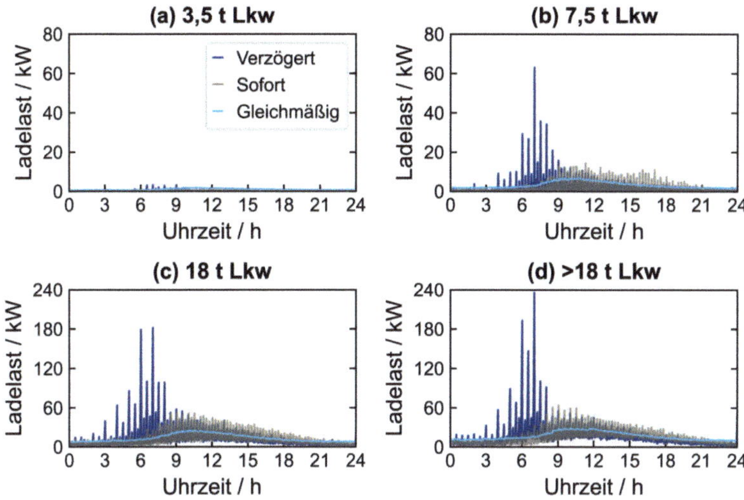

Abbildung 4-17: Auswirkungen der Ladestrategien verzögert, sofort und gleichmäßig auf den mittleren Werktagsverlauf Ladelast für die unterschiedlichen Lkw-Gewichtsklassen.

Abbildung 4-18 erlaubt eine Quantifizierung des zeitlichen Verschiebungspotentials der E-Lkw-Ladelasten beim Laden mit 350 kW beziehungsweise bei maximaler Ladeleistung. Die Farbgebung zeigt dabei an, welcher Anteil der Ladelast um welchen Zeitraum verschiebbar ist. Ein besonders hohes Flexibilitätspotential wird dabei anhand einer rosafarbenen Einfärbung ersichtlich. Der rote Anteil der Last kann um weniger als eine Stunde verschoben werden und wird daher als nicht flexibel angesehen.

Es zeigt sich, dass ähnlich zur Flexibilitätsanalyse der Ladestandorte sehr hohe Verschiebungspotentiale in der Ladelast bei hohen Ladeleistungen vorhanden sind. So sind bei allen Fahrzeuggewichtsklassen ab vormittags signifikante Anteile der Ladelast mehr als 12 Stunden verschiebbar. Gleichzeitig besteht ein hoher Anteil nicht flexibler Last. Dieser liegt je nach betrachteter Fahrzeugklasse und Ladeleistung bei 50 bis 70 % der ursprünglichen Spitzenlast. Auf diesen Wert lässt sich durch Lastverschiebungen der Ladebedarf glätten.

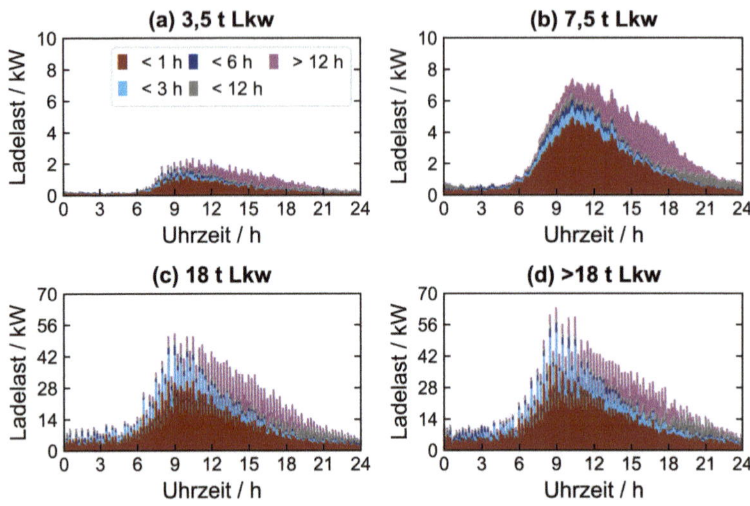

Abbildung 4-18: Zeitliches Verschiebungspotential der Ladelast je Fahrzeug beim Laden mit einer Ladeleistung von 350 kW (3,5 und 7,5 t Lkw) sowie bei maximaler Ladeleistung von 3750 kW (für 18 und >18 t Lkw).

5 Probabilistische Netzanschlussbetrachtung mit Fokus auf dem Laden von E-Lkw

Im Rahmen dieses Kapitels wird die Anwendung der Modellierungsansätze zur Untersuchung der Netzintegration von E-Lkw anhand dreier realer Praxisbeispiele demonstriert. Kapitel 5.1 thematisiert die Auswirkungen von Elektromobilität an einem Logistikzentrum auf das überlagerte industriell geprägte Mittelspannungsnetz. Kapitel 5.2 beschäftigt sich mit der Auslegung und Umsetzung des Netzanschlusses zweier Autobahnraststätten mit unterschiedlichen Standortcharakteristiken. Schließlich folgt in Kapitel 5.3 die überregionale Analyse des Einflusses von E-Lkw-Laden auf den Gesamtlastgang, die Gemeinden und die HS/MS-Umspannwerke in Baden-Württemberg.

Die hier präsentierten Ergebnisse erlauben nicht nur einen Ausblick darauf, wie die Ladebedarfsmodellierung auf sehr unterschiedliche Anwendungsfälle angewandt werden kann, sondern auch, welchen Einfluss das Laden von E-Lkw konkret auf die Netzinfrastruktur der jeweiligen Betrachtungsregionen haben kann.

5.1 E-Lkw-Laden am Logistikzentrum

Das im Folgenden vorgestellte erste Praxisbeispiel konzentriert sich auf die Auswirkungen auf den Netzanschluss und das überlagertes Mittelspannungsnetz, welche durch das Laden von E-Lkw an einem Logistikzentrum verursacht werden. Im Folgenden wird zunächst die konkrete Fallstudie beschrieben ehe auf die Auswirkungen auf den Netzanschluss und das Verteilnetz eingegangen wird.

5.1.1 Beschreibung der Fallstudie

Beim betrachteten Logistikzentrum handelt es sich um ein reales Distributionszentrum in Süddeutschland, das über eine eigene Transformatorstation an das 20 kV-Mittelspannungsnetz angeschlossen ist. Im Rahmen des

Forschungsprojekts FELSeN[23] wurde mittels Mess- und Simulationskampagnen untersucht, wie sich die Last eines solchen Logistikzentrums heute und in Zukunft zusammensetzen kann und welche Flexibilitätspotentiale bestehen [9]. Als besonders ausschlaggebend für die Entwicklung der Last am Logistikzentrum erwies sich neben der Elektrifizierung des Personenverkehrs besonders die Elektrifizierung der ankommenden Lkw. In dieser Fallstudie liegt der Fokus daher auf dem Ladebedarf der E-Lkw am Logistikzentrum. Abbildung 5-1 zeigt den Anschluss des Logistikzentrums an das Mittelspannungsnetz und die Zusammensetzung der internen Verbraucher und Erzeuger am Logistikzentrum. Die Untersuchung in dieser Fallstudie erfolgte anlehnend an die verfügbare Messdatenbasis des Logistikzentrums für ein Jahr in 15-Minuten-Mittelwerten.

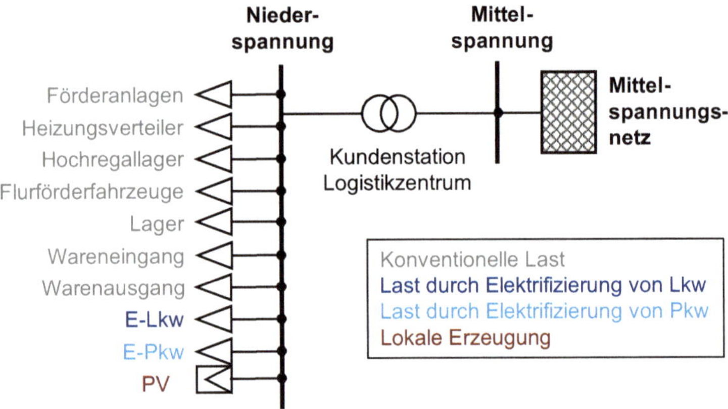

Abbildung 5-1: Übersicht der heutigen und zukünftigen Lasten an einem Logistikzentrum und dessen Anschluss an das Mittelspannungsnetz.

Der mittlere werktägliche Lastgang des Logistikzentrums ist in Abbildung 5-2 dargestellt. Dieser beinhaltet die als konventionelle Last deklarierten Verbraucher aus Abbildung 5-1. Darüber hinaus ist die lokale PV-Erzeugung und die sich daraus ergebende Residuallast des Logistikzentrums dargestellt. Die Angaben sind zur Anonymisierung der Logistikzentrumslast auf die Nennscheinleistung der Transformatorstation normiert. Ein Wert von unter 1 p.u. bedeutet demnach, dass

[23] Die beschriebenen Untersuchungen im Forschungsprojekt FELSeN wurden von der Autorin dieser Arbeit durchgeführt.

die Station des Logistikzentrums durch die Wirkleistung[24] nicht voll ausgelastet ist. Der Lastgang zeigt dabei einen stark anhand der Werktage zyklisierten Verbrauch, der sich an den Arbeitszeiten orientiert. Am Morgen steigt die Last innerhalb kurzer Zeit von 0,15 p.u. auf 0,6 p.u. an und sinkt am Abend wieder auf dasselbe Level der nächtlichen Grundlast ab. Dabei sind während der Arbeitszeiten deutlich ausgeprägte kurzzeitige Rückgänge der Last erkennbar, die daraus resultieren, dass die oben beschriebenen konventionellen Lasten (maßgeblich die Hochregallager) zu Pausenzeiten nicht bedient werden. Die PV-Anlage kann einen Teil der mittäglichen Lastspitzen absenken, hat besonders in den frühen Morgenstunden keinen Einfluss auf die Spitzenlast. Im folgenden Kapitel wird analysiert, wie sich das Laden von E-Lkw und E-Pkw auf die Last des Logistikzentrums und damit auf dessen Netzanschluss auswirken kann.

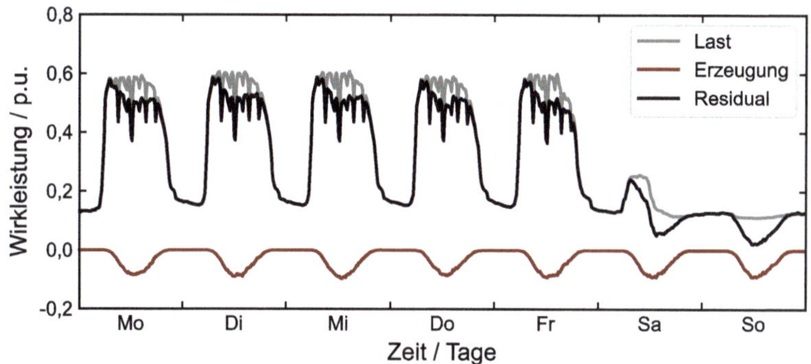

Abbildung 5-2: Mittlerer Verlauf der Wochenlast, der PV-Erzeugung sowie der daraus resultierenden Residuallast des betrachteten Logistikzentrums normiert auf die Nennleistung der eigenen Transformatorstation.

Das Ankunftsverhalten der Mitarbeitenden und Lkw am Logistikzentrum ist in Abbildung 5-3 dargestellt. Insgesamt sind täglich 450 Mitarbeitende am Standort tätig. Diese sind auf drei unterschiedliche Arbeitszeitmodelle (Schicht 1 von 6 Uhr bis 15:30 Uhr, Schicht 2 von 12:30 Uhr bis 20:45 Uhr und ganztags von 8 Uhr bis 16 Uhr) verteilt. Dementsprechend ist mit der Ankunft der Pkw dieser Mitarbeitenden jeweils kurz vor Arbeitszeitbeginn zu rechnen.

---

[24] Die Blindleistung der Verbraucher und Erzeuger wurde im Rahmen dieser Fallstudie ebenfalls betrachtet, wird im Rahmen dieser Ausarbeitung jedoch nicht näher thematisiert.

Abbildung 5-3 (b) zeigt die Ankunftszeiträume der am Logistikzentrum ankommenden Lkw. Demnach beliefern werktags durchschnittlich 40 Lkw den Wareneingang, 60 Lkw holen Waren am Warenausgang ab. Die Aufteilung der Größenklassen beträgt 10 % leichte Lkw bis 7,5 t, 20 % mittelschwere Lkw bis 18 t und 70 % schwere Lkw über 18 t [93]. Lkw unter 3,5 t sind nicht am Logistikzentrum vertreten. Die Trafostation des Logistikzentrums ist an das in Abbildung 5-4 dargestellte reale Mittelspannungsnetz angeschlossen.

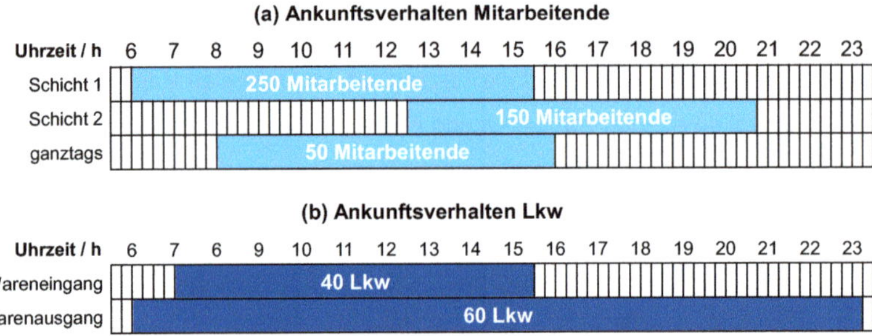

Abbildung 5-3: Anzahl und Zeitverhalten der ankommenden Mitarbeitenden (a) und Lkw (b) am Logistikzentrum.

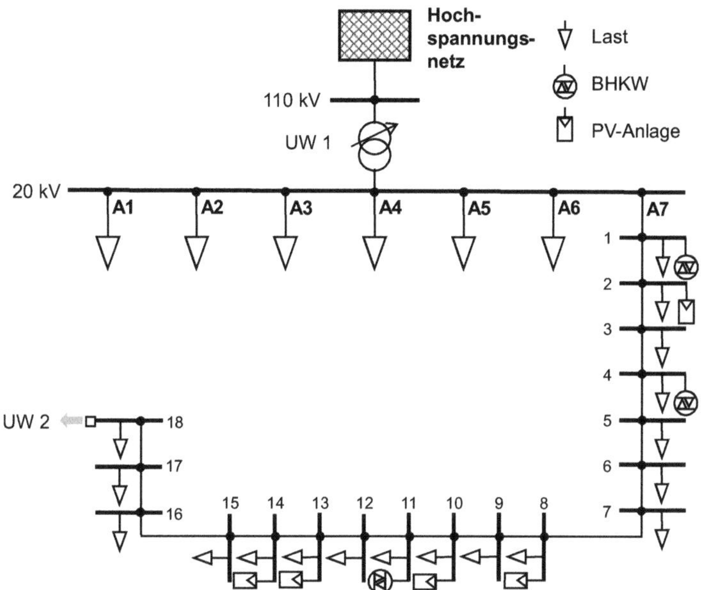

Abbildung 5-4: Schematischer Aufbau des Mittelspannungsnetzes, in welchem das Logistikzentrum angeschlossen ist.

Das Mittelspannungsnetz wird über ein Umspannwerk (UW 1) aus der 110 kV-Ebene versorgt. An der Mittelspannungssammelschiene des Umspannwerks sind sieben Abgänge (A1 bis A7) vorhanden. Das Logistikzentrum ist dabei in A7 angeschlossen, welcher neben dem Logistikzentrum hauptsächlich Kunden aus einem Industrie- und Gewerbegebiet versorgt. Die Abgänge A1 bis A6 sind aus Anonymitätsgründen nur kumuliert dargestellt. Ebenso wird die Position des Logistikzentrums in A7 nicht näher thematisiert. Über ein zweites Umspannwerk (UW 2) kann A7 im (n-1)-Szenario versorgt werden.

5.1.2 Auswirkungen auf den Netzanschluss

Zur Modellierung des Ladebedarfs von E-Lkw am betrachteten Logistikzentrum existieren basierend auf dem ladestandortbezogenen Ansatz drei Möglichkeiten. Dabei steigt deren Abstrahierungsgrad mit der Nummerierung an. Gleichzeitig sinkt der Bedarf an Eingangsinformationen, jedoch möglicherweise auch die Genauigkeit. Folgende Möglichkeiten bestehen:

1. Modellierung des Ladebedarfs von E-Lkw am Logistikzentrum basierend auf den realen Öffnungszeiten, Verweildauern, Lkw-Gewichtsklassen und Lkw-Zahlen des Zentrums.
2. Modellierung des Ladebedarfs basierend auf der Lkw-Anzahl und einem fix zugewiesenen Logistikzentrumstyp.
3. Modellierung des Ladebedarfs basierend auf dem Logistikzentrumstyp und der Gebäudefläche.

Zur Umsetzung von Möglichkeit 1 ist eine Vielzahl individueller Informationen zum betrachteten Logistikzentrum notwendig. In der Realität sind diese jedoch nicht immer vorhanden. Für Möglichkeit 2 muss lediglich die Anzahl der täglich ankommenden Lkw am Logistikzentrum angefragt oder abgeschätzt werden. Diese Abschätzung erfolgt in Möglichkeit 3 über die Gebäudefläche unter Verwendung der entsprechenden Lkw-Anzahl gemäß Tabelle 3-5. Die Methodik ist bei der Betrachtung einzelner Logistikzentren jedoch nur dann ausreichend genau, wenn die Auslastung jedes Logistikzentrums bekannt ist[25]. Mit dieser kann die Lkw-Zahl skaliert werden. Bei einer überregionalen Betrachtung einer Vielzahl von Logistikzentren kann die tatsächliche Auslastung einzelner Zentren vernachlässigt werden, da sich die Auslastungen über die Betrachtungspopulation ausgleichen und die Lkw-Anzahlen sich im Mittel den Literaturwerten annähern.

Unter Kenntnis der Auslastung konvergieren die Lkw-Anzahlen in Möglichkeit 2 und 3 auf ähnliche Werte. Im Folgenden wurde der Ladebedarf der E-Lkw am Logistikzentrum daher basierend auf Möglichkeit 1 (auf Basis individueller Datensätze) sowie Möglichkeit 2 (auf Basis des allgemeinen Ansatzes kombiniert mit der Lkw-Anzahl) modelliert. Abbildung 5-5 zeigt die Ergebnisse hinsichtlich der mittleren wöchentlichen Ladelast der E-Lkw. Diese ist wieder bezogen auf die Nennscheinleistung der Transformatorstation in p.u. dargestellt.

[25] Mit Auslastung des Logistikzentrums ist hier die Auslastung seiner Rampen zu verstehen. Es existieren Logistikzentren mit sehr großen Flächen und dementsprechend vielen Rampen, die zum heutigen Zeitpunkt jedoch noch wenig ausgelastet sind. Dabei würde eine Berechnung der täglichen Lkw-Anzahl allein basierend auf der Hallenfläche zu einer Überschätzung führen.

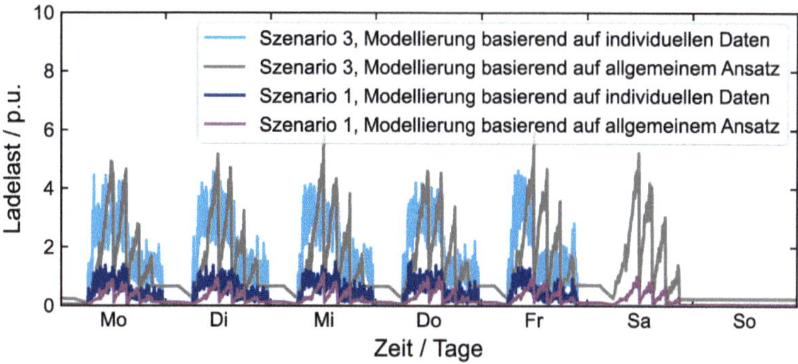

Abbildung 5-5: Wochenverlauf der mittleren Ladelast durch E-Lkw-Laden am Logistikzentrum in Szenario 1 und Szenario 3 bei der Nutzung von individuellen Daten zu Modellierung versus der Nutzung des allgemeinen Ansatzes.

Das Ladeverhalten der Lkw basiert dabei in den gezeigten Fällen auf den Szenarien 1 (Laden der zuvor gefahrenen Strecke) und 3 (Vollladen der Fahrzeugbatterie). In beiden Fällen wird lediglich das Laden mit minimal notwendiger Ladeleistung betrachtet. Es zeigt sich, dass allein durch die Kenntnis der Lkw-Anzahl und des Logistikzentrumstyps das Zeitverhalten der Lkw-Ladelast und auch die Lastspitzen gut modelliert werden können. Durch die unterschiedlichen Öffnungszeiten von Wareneingang und Warenausgang entsteht beim Ladebedarf basierend auf den individuellen Daten ein deutlich ausgeprägteres Plateau am Vormittag. Beim allgemeinen Ansatz wird angenommen, dass das Anfahren der Lkw am Logistikzentrum auch samstags erfolgt, was an diesem Standort in der Realität nicht der Fall ist. Außerdem verbleiben abweichend zum tatsächlichen Mobilitätsverhalten keine Lkw über Nacht am Standort. Durch die Zeitauflösung der Logistikzentrumseinfahrten in dreistündigen Intervallen entstehen beim allgemeinen Ansatz die Peaks im Dreistundenrhythmus. Im Anbetracht dessen, dass bei der Nutzung des individuellen Datensatzes mit Lkw-Gewichtsklassen, Ankunftszeiträumen und Standzeiten deutlich mehr Informationen vorlagen, erweist sich die Nachbildung durch den allgemeinen Ansatz als in der Praxis ausreichend.

Wird neben dem Ladebedarf der E-Lkw der zukünftig mögliche Ladebedarf bei einer Elektrifizierung aller Mitarbeiter-Pkw am Logistikzentrum berücksichtigt, ergibt sich kumuliert mit der existierenden konventionellen Logistikzentrumslast der Wochenlastgang aus Abbildung 5-6. Das Mitarbeiterladen wurde dabei mit maximal 11 kW je Fahrzeug und der Methodik nach [9] und [79][26] bestimmt.

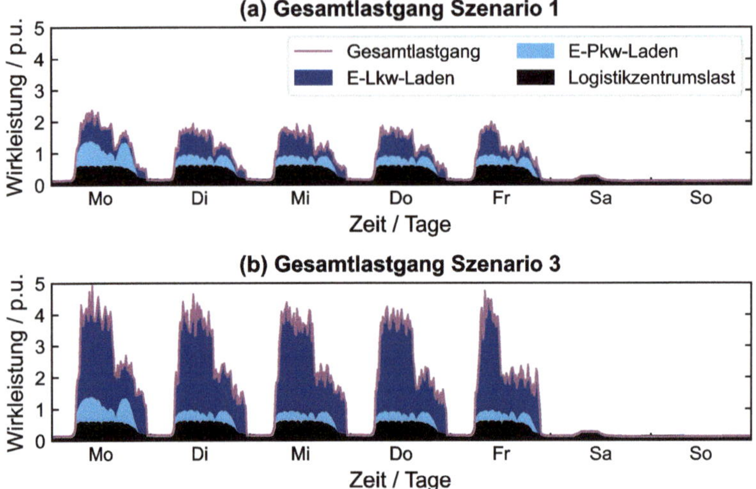

Abbildung 5-6: Wochenverlauf der mittleren Gesamtlast am Logistikzentrum bestehend aus der Ladelast durch E-Pkw-Laden, der Ladelast durch E-Lkw-Laden in Szenario 1 bzw. 3 sowie der konventionellen Logistikzentrumslast.

Das Laden der E-Lkw und E-Pkw kann die Spitzenlast des Logistikzentrums deutlich erhöhen. Dies liegt nicht nur am hohen Ladebedarf der Lkw, sondern auch daran, dass das Laden der Fahrzeuge aufgrund der Charakteristik des Logistikzentrums tagsüber während der bereits existierenden Lastpeaks erfolgt. Da für eine Worst-Case-Abschätzung angenommen wurde, dass die Mitarbeiter ausschließlich am Arbeitsplatz laden, ist der Ladebedarf der Pkw nach Wochenenden besonders hoch, insgesamt dominiert aber das Lkw-Laden. Durch die Normierung der Ergebnisse auf die Nennscheinleistung der Transformatorstation am Netzanschluss des Logistikzentrums bedeutet ein Wert von über 1 p.u., dass die Kapazität des Netzanschlusses allein durch den Wirkleistungsbedarf ausgebaut werden muss. Durch den Blindleistungsbedarf kann dies noch beschleunigt

---

[26] Die Pkw-Ladebedarfsmodellierung am Logistikzentrum basiert auf Ergebnissen der Arbeit dieser Autorin aus [79], wird durch den Fokus auf den Gütertransport in dieser Arbeit nicht näher thematisiert.

werden. Eine Verdrei- bis Vervierfachung der Spitzenlast wie in Abbildung 5-6 (a) würde demnach die Errichtung einer weiteren Transformatorstation allein durch den Wirkleistungsbedarf notwendig machen. Andererseits verfügt die bestehende Station noch über ausreichend Puffer, um erste Ladeinfrastruktur-Ausbaumaßnahmen bereits zum jetzigen Zeitpunkt durchführen zu können.

5.1.3 Auswirkungen auf das Verteilnetz

Im nächsten Schritt werden die Stromnetz-Auswirkungen des E-Lkw-Ladens am Logistikzentrum untersucht. Dabei wird betrachtet, wie sich das Laden der E-Lkw in unterschiedlichen Szenarien auf die Auslastung der Betriebsmittel und die Einhaltung des Spannungsbandes auswirkt. Abbildung 5-7 zeigt die Auswirkungen von Elektromobilität am vorgestellten Logistikzentrum auf den werktäglichen Verlauf der Auslastung des Transformators im HS/MS-UW.

In Teil (a) von Abbildung 5-7 ist die Auslastung des UW-Transformators im Basisfall dargestellt. Dabei wurden für alle Lasten und Erzeuger im Netzmodell aus Abbildung 5-4 Jahresprofile der Wirk- und Blindleistung hinterlegt und eine zeitreihenbasierte Lastflussrechnung mittels PYPOWER durchgeführt (siehe [93]). Es zeigt sich, dass der Transformator im Basisfall ohne Elektromobilität selbst zu Spitzenlastzeiten tagsüber nur schwach ausgelastet ist. Allerdings kann die Auslastung zum selben Zeitpunkt an verschiedenen Werktagen betragsmäßig bis zu 20 % schwanken. Nachts erreicht sie mit minimal 8 % ihr niedrigstes Niveau und steigt ab 6 Uhr morgens auf bis zu 29 % an, ehe die Auslastung am Abend gegen 20 Uhr wieder Richtung Nachtlevel sinkt. Im Vergleich zu dem Basisfall, zeigen die Verläufe in (b) und (c) einen deutlichen Einfluss der ladenden E-Lkw auf die Transformatorauslastung. Dabei wird erneut zwischen den Szenarien 1 (Nachladen der zuvor gefahrenen Strecke) und 3 (Vollladen der Fahrzeugbatterie) unterschieden. Dadurch, dass sich die Ladelast nicht nur auf bestehende Lastplateaus am Logistikzentrum, sondern auch auf die tagsüber auftretenden Lastspitzen im gesamten Netzgebiet aufaddieren, sind die Auswirkungen auf die Auslastungsspitzen besonders groß. Allein durch das Laden der 100 betrachteten E-Lkw am Logistikzentrum kann im Volllade-Szenario 3 die Transformatorauslastung am UW auf bis zu 94 % in der Spitze ansteigen. Dabei wurde für beide Szenarien bereits ein Laden mit minimaler Ladeleistung angenommen, durch kurze Standzeiten fallen diese Ladeleistungen dennoch dementsprechend hoch aus.

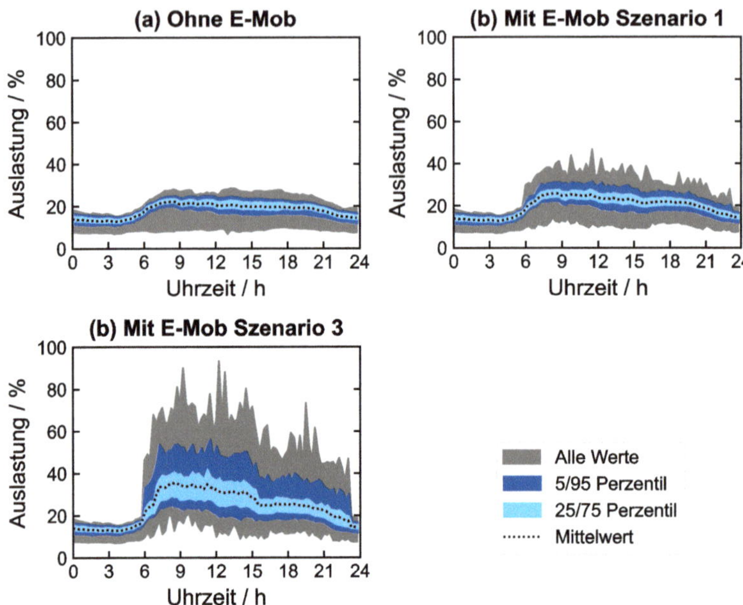

Abbildung 5-7: Auswirkungen des Ladebedarfs von E-Lkw und E-Pkw am Logistikzentrum auf den Werktagsverlauf der HS/MS-Transformatorauslastung.

Zur Betrachtung der Netzauswirkungen sind neben der Auslastung des UWs auch die Auslastungen der Leitungen in A7 sowie der Spannungen an den Knoten relevant. Abbildung 5-8 zeigt die Auswirkungen des Ladebedarfs der E-Lkw und E-Pkw am Logistikzentrum auf die Verteilung der Leitungsauslastungen (a) und Spannungsbeträge (b) im gesamten MS-Netz. Um die Häufigkeit von Grenzwertverletzungen besser einschätzen zu können, sind unterschiedliche Whisker für das 90 %-Konfidenzintervall (5/95-Perzentil), das 98 %-Konfidenzintervall (1/99-Perzentil) und alle Werte eingezeichnet. In Szenario 1 treten Leitungsüberlastungen, in Szenario 3 Leitungsüberlastungen und Verletzungen des Spannungsbandes auf. Diese äußern sich in seltenen Spitzenwerten.

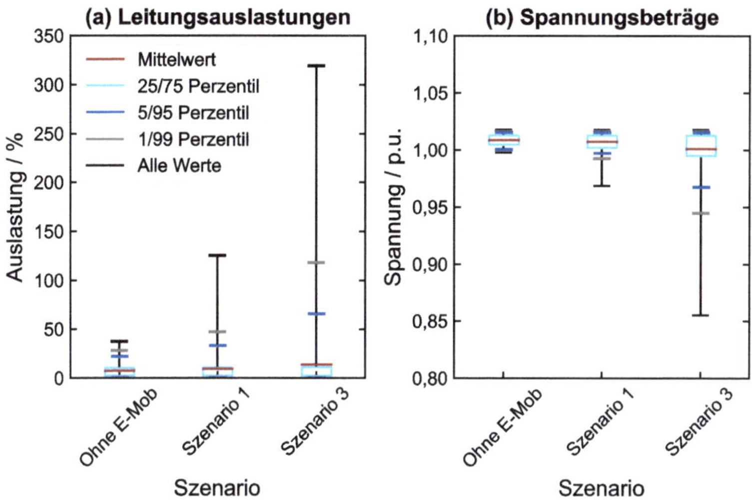

Abbildung 5-8: *Auswirkungen des Ladebedarfs von E-Lkw und E-Pkw am Logistikzentrum auf die Verteilungen der Leistungsauslastungen und Spannungsbeträge im gesamten Mittelspannungsnetz.*

Der Hochlauf von Elektromobilität am betrachteten Logistikzentrum zeigt insgesamt einen deutlichen Einfluss auf dessen zukünftige Anschlussleistung. Je nach betrachtetem Szenario kann sich diese mindestens verdreifachen. Allein der Hochlauf von Elektromobilität an einem einzigen im Netz angeschlossenen Logistikzentrum zeigt signifikante Auswirkungen auf die Auslastung der Netzbetriebsmittel. Dabei wurden lediglich 100 Lkw und 250 Mitarbeiter-Pkw simulativ elektrifiziert. Der Hochlauf der Elektromobilität wird jedoch nicht nur an diesem einen Logistikzentrum stattfinden. Wird berücksichtigt, dass bereits ein Abgang mehrere Gewerbekunden in einem Industriegebiet versorgt, können die Netzauswirkungen noch ausgeprägter und schneller auftreten. Eine zukunftssichere Auslegung der Netzgebiete in Industrie- und Gewerbegebieten muss daher heute schon das Laden von E-Lkw und E-Pkw betrachten.

5.2 E-Lkw-Laden an Autobahnraststätten

Neben dem Laden an Logistikzentren ist besonders im Fernverkehr das Laden an Autobahnraststätten und Autohöfen (im Folgenden nur noch Raststätten genannt) für E-Lkw von besonderem Interesse. Dies ermöglicht es, während der für die Kraftfahrerinnen und -fahrer gesetzlich vorgeschriebenen Ruhezeiten zu laden und so auch Tagesfahrleistungen, welche die Fahrzeugreichweiten übertreffen, zu bewältigen. Da sich die Infrastruktur an unterschiedlichen Raststätten sowohl hinsichtlich der Anzahl an Parkplätzen als auch hinsichtlich des bestehenden Netzanschlusses stark unterscheiden kann, werden im Rahmen dieser Fallstudie zwei unterschiedliche Raststätten A und B untersucht. Im Folgenden werden diese zunächst näher vorgestellt, ehe auf den zukünftig möglichen Ladebedarf für E-Lkw sowie die Umsetzung der Netzintegration des Ladebedarfs an den Standorten eingegangen wird.

5.2.1 Beschreibung der Fallstudie

Im Rahmen der Autobahnraststätten-Fallstudie werden die Raststätten A und B betrachtet. Diese beiden Raststätten unterscheiden sich sowohl hinsichtlich ihrer Größe als auch hinsichtlich der dort verfügbaren Stromnetzinfrastruktur deutlich und bieten so ein möglichst vielfältiges Bild der Situation an deutschen Raststätten. Abbildung 5-9 zeigt eine kartografische Übersicht der Parkplatzsituation und Netzanschlussmöglichkeiten an den betrachteten Raststätten.

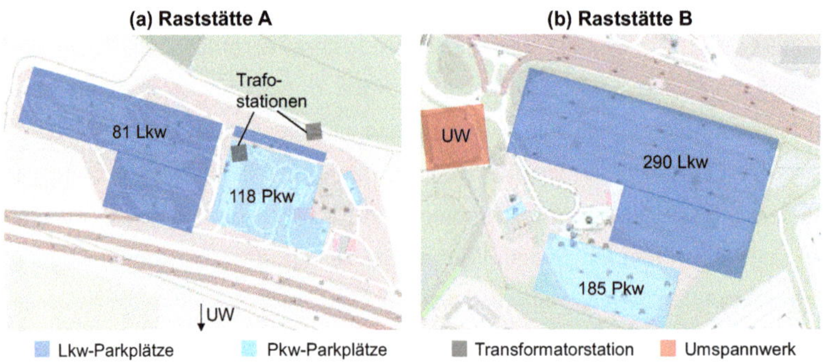

Abbildung 5-9: Übersicht der Parkplatz- und Stromnetzinfrastruktur an den betrachteten Raststätten. Hintergrundkarte modifiziert aus [104].

In Abbildung 5-9 (a) ist Raststätte A zu sehen. Dabei handelt es sich mit einer Größe von 81 Lkw- und 118 Pkw-Parkplätzen um den kleineren der beiden Standorte. An der Raststätte ist bereits Ladeinfrastruktur für Pkw mit Ladeleistungen bis 350 kW in begrenztem Umfang vorhanden. Der Netzanschluss der Rastanlage sowie der dort vorhandenen Ladeinfrastruktur erfolgt über zwei Transformatorstationen in einem bestehenden MS-Netz. Die nächsten HS/MS-UWs sind etwa 3 km (10 kV) beziehungsweise 5 km (30 kV) vom Raststättenstandort entfernt. Abbildung 5-9 (b) zeigt Raststätte B, die mit 185 Pkw-Parkplätzen und 290 Lkw-Parkplätzen deutlich größer ist als Raststätte A. Auch an diesem Standort ist bereits Ladeinfrastruktur für E-Pkw, hier mit Ladeleistungen bis 300 kW, vorhanden. Neben der Größe unterscheidet sich die Raststätte B auch durch ihre direkte Lage an einem UW von Raststätte A.

Im Gegensatz zum Logistikzentrum der ersten Fallstudie liegen keine Informationen zum konventionellen Lastgang der Raststättenstandorte vor. Es ist jedoch damit zu rechnen, dass die zu erwartende Last durch Elektromobilität den konventionellen Lastgang, bspw. durch Beleuchtung oder Kraftstoffpumpen, stark übersteigt, sodass dieser in der Betrachtung des Netzanschlusses der Standorte nicht ausschlaggebend ist. Durch die im Vergleich zum Logistikzentrum geringe konventionelle Last der Raststätten ist deren Netzanschluss im aktuellen Zustand nicht so gestaltet, dass die Integration von E-Lkw-Laden am bestehenden Netzanschluss denkbar ist. Es muss ein neuer Netzanschluss zur Netzintegration geschaffen werden. Diese Fallstudie fokussiert sich daher weniger auf die Auswirkungen auf das bestehende Verteilnetz sondern mehr auf den zu erwartenden Ladebedarf und die Gestaltung der Netzintegration an diesen beiden sehr unterschiedlichen Standorten. Dadurch, dass keine existierenden Messzeitreihen berücksichtigt werden müssen, ist die Zeitauflösung und der Simulationszeitraum in dieser Fallstudie frei wählbar. Er wurde daher auf einen Jahreszeitraum in 5-Minuten-Auflösung festgelegt.

5.2.2 Ladebedarf durch Elektromobilität

Zur Modellierung des Ladebedarfs von E-Lkw an den beiden Raststätten bestehen zwei Möglichkeiten:

1. Modellierung des Ladebedarfs von E-Lkw an den Raststätten basierend auf realen Parkplatzbelegungsverläufen, Verweildauern und Lkw-Gewichtsklassen.
2. Modellierung des Ladebedarfs basierend auf der Lkw-Parkplatzzahl und den vorliegenden verallgemeinerten Parkplatzbelegungsverläufen.

Da an deutschen Autobahnraststätten tendenziell ein Lkw-Parkflächenmangel besteht, ist im Vergleich zu den Logistikzentren nicht damit zu rechnen, dass die Parkplatzbelegungsverläufe mit der realem Auslastung der Standorte herunterskaliert werden müssen. Aufgrund fehlender Informationen zu den exakten Verweildauern und der Lkw-Gewichtsklassenverteilung für die Raststätten, wird in dieser Fallstudie Möglichkeit 2 umgesetzt. Für die Zukunft ist es von Interesse, an einer der Raststätten analog zu den Logistikzentren die realen Verweildauern und Gewichtsklassen zu erfassen, um die Ergebnisse validieren zu können.

Für die Raststätten A und B wurde der Lkw-Ladebedarf basierend auf der Ladestandortmodellierung nach 3.3 durch Kombination der absoluten Lkw-Parkplatzzahlen mit den Parkplatzbelegungsverläufen aus 3.2.6 und den Fahrzeug- und Fahrtenparametern aus 3.2.1 und 3.2.4 realisiert. Auch hier ist das Zusammenspiel mit dem Ladebedarf für E-Pkw interessant. Dieser wurde basierend auf der Hochrechnung realer Ladepunktbelegungen und Schnellladeprofile an Autobahnraststätten nach [105] bestimmt.

Abbildung 5-10 zeigt den mittleren kumulierten Wochenlastgang ladender E-Lkw und E-Pkw in (a) und (b) für Raststätte A und in (c) und (d) für Raststätte B, unter der Annahme, dass alle ankommenden Fahrzeuge elektrifiziert sind. Dabei wird für beide Raststätten zwischen den Szenarien 1 (Laden der zuvor gefahrenen Strecke) und 3 (Vollladen der Fahrzeugbatterie) für die E-Lkw unterschieden. Während der Ladebedarf der E-Lkw um die Mittagszeit in allen betrachteten Fällen seine Maxima erreicht, liegen die Spitzen der E-Pkw-Ladelast am Nachmittag und Abend. Gleichzeitig laden die E-Lkw deutlich häufiger nachts als die E-Pkw. Der Ladebedarf der E-Lkw ist an den Werktagen besonders groß und flacht von Freitag bis Sonntag deutlich ab. Demgegenüber haben die E-Pkw am Wochenende aufgrund des Freizeitverhaltens einen höheren Ladebedarf als an den Werktagen. Abgesehen von Szenario 1 an Raststätte A, dominiert in allen Fällen das Laden der E-Lkw. An Raststätte A ist für den Gesamtlastgang in Szenario 1 eine mittlere Spitzenlast von 4 MW zu erwarten, in Szenario 3 sind es bereits 16 MW. Dabei entfällt in Szenario 1 zwei Drittel der Lastspitze auf das Laden der E-Lkw, in Szenario 3 sind es mehr als 90 %. Durch die deutlich größere Anzahl an Parkplätzen liegt die zu erwartende mittlere Spitzenlast bei Raststätte B mit 12 MW in Szenario 1 und 60 MW in Szenario 3 deutlich über der von Raststätte A. Dadurch, dass dort rund 100 Lkw-Parkplätze mehr als Pkw-Parkplätze vorhanden sind, steigt zudem der Beitrag der E-Lkw zur Gesamtspitzenlast noch weiter an.

Soll zusätzlich zu den mittleren Lastgängen die tatsächliche nicht gemittelte Höhe und Auftrittswahrscheinlichkeit der Spitzenlasten an den Raststätten abgeschätzt werden, bietet sich die probabilistische Betrachtung aus Abbildung 5-11 an. Darin sind alle tatsächlich während des Simulationszeitraums von einem Jahr auftretenden Werte dargestellt. Es wird ersichtlich, dass durch die Betrachtung der mittleren Verläufe die tatsächlich auftretenden Lastspitzen stark unterschätzt werden. So liegen bereits die Spitzen der mittleren 50% der Werte um die Hälfte höher als die der mittleren Verläufe. Andererseits würde eine reine Betrachtung der absoluten Lastspitzen, die sich aus der Berücksichtigung aller Werte ergeben, zu einer Überschätzung der Last in einem beträchtlichen Teil der Zeitpunkte führen.

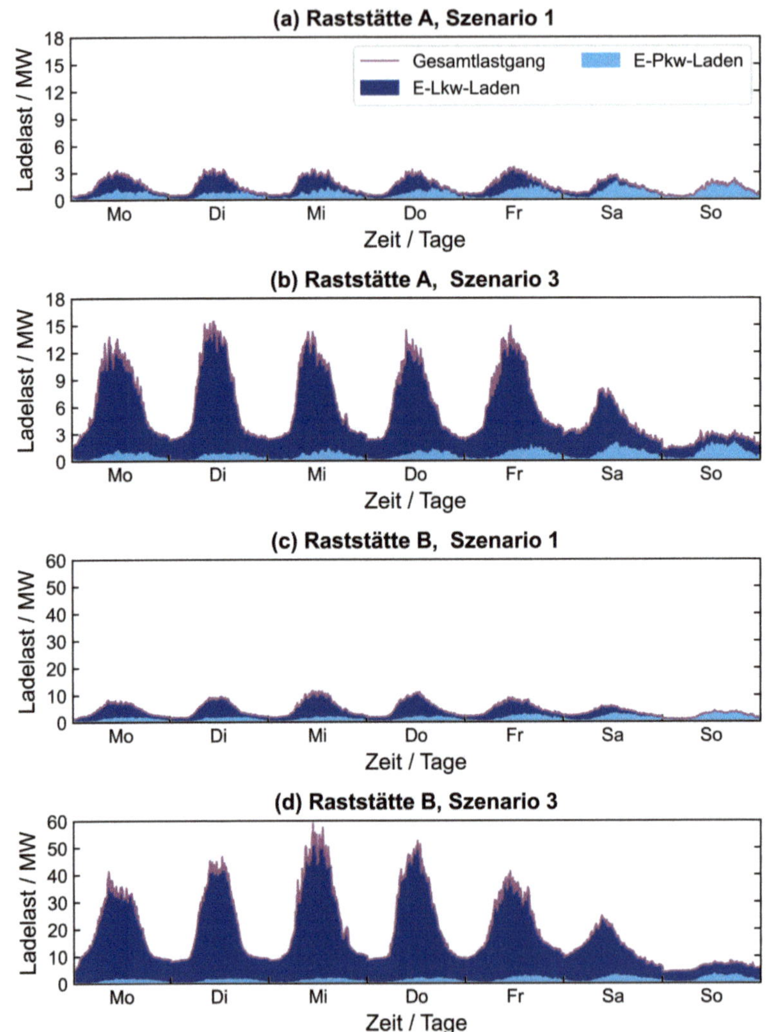

Abbildung 5-10: Kumulierte mittlere Wochenlast aus dem Ladebedarf von E-Pkw und E-Lkw an den Raststätten A und B für Szenario 1 und Szenario 3.

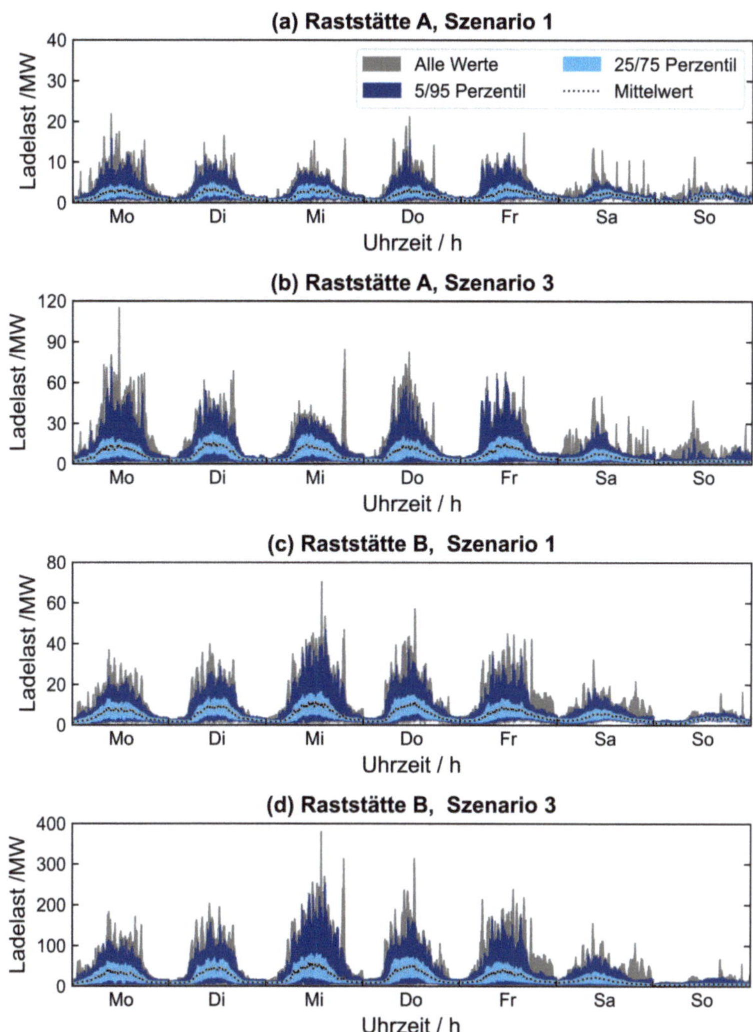

Abbildung 5-11: Probabilistische Analyse der kumulierten Wochenlast aus dem Ladebedarf von E-Pkw und E-Lkw an den Raststätten A und B für Szenario 1 und Szenario 3.

5.2.3 Analyse der Netzintegration

Die erwarteten mittleren Spitzenlasten und die probabilistische Analyse der Wochenlast an Raststätte A und Raststätte B liefern wichtige Anhaltspunkte zur Umsetzung des zukünftigen Netzanschlusses. Generell bestehen die folgenden vier Möglichkeiten:

1. Anschluss an einen bestehenden Mittelspannungsabgang,
2. Anschluss an ein bestehendes UW,
3. Erweiterung eines bestehenden UW und Anschluss daran,
4. Neubau eines UW und Anschluss daran.

Durch die periphere Lage der Raststätten, die bestehende geringe Auslegung der Netzanschlüsse für Zapfsäulen und Licht sowie die Höhe der erwarteten Spitzenlasten durch Elektromobilität ist Möglichkeit 1 für beide Standorte nicht zielführend. Bei den Möglichkeiten 2 bis 4 muss unterschieden werden, auf welches Durchdringungsszenario der Anschluss ausgelegt werden soll. Dabei besteht einerseits die Möglichkeit, einen Anschluss mit geringerer Leistung möglichst schnell bereitzustellen oder direkt einen zukunftsfähigen Anschluss mit Kapazitätsreserve zu installieren.

Nach Rücksprache mit dem zuständigen Netzplaner für Raststätte A ist ein Netzanschluss über zwei Direktkabel bis insgesamt 7 MVA an das mit 3 km Luftlinie naheliegendste HS/MS-UW denkbar. Durch die 10 kV-Ebene ist dieser Anschluss aber sehr limitiert. Eine Alternative bei einem höheren Leistungsbedarf wäre der Anschluss an das 5 km entfernte UW (30 kV), welches jedoch zunächst ausgebaut werden müsste. Durch die direkte Lage am UW bei Raststätte B gestaltet sich der Netzanschluss hier einfacher. Im ersten Schritt könnte eine Direktverbindung zum UW geschaffen werden. Diese ist deutlich schneller realisierbar als bei A. Aufgrund der Höhe der prognostizierten Ladelast ist eine Erweiterung oder ein Neubau des UWs jedoch in Zukunft absehbar. Zumal bedacht werden muss, dass neben der Raststätte mögliche weitere Großkunden am UW angeschlossen sind.

Insgesamt hat sich gezeigt, dass das Laden von E-Lkw von großer Bedeutung für die zukünftige Netzanschlussdimensionierung von Autobahnraststätten ist. Dabei kann der Ladebedarf der E-Lkw deutlich gegenüber dem der E-Pkw dominieren. Aufgrund der unterschiedlichen bestehenden Netzinfrastruktur an den Raststätten existieren Standorte, an denen deutlich schneller die erforderlichen

Leistungen bereitgestellt werden können. Hinsichtlich der Höhe der erwarteten Spitzenlasten könnte zunächst ein Direktanschluss an ein bestehendes UW umgesetzt werden, bei einer steigenden Durchdringung ist jedoch die Erweiterung oder der Neubau von UWs für die Raststätten meist unumgänglich. Es ist daher wichtig, bereits jetzt Hotspots und mögliche Engpässe zu lokalisieren um den Netzausbau hierfür in die Wege zu leiten. Der bestehende Parkraummangel für Lkw an den Raststätten wird sich durch die Elektrifizierung weiter verschärfen. So fallen durch den Neubau der Energieversorgungsinfrastruktur und Platzbedarfe der Ladeinfrastruktur möglicherweise weitere Parkplätze weg. Hierauf sollte durch Erweiterung der Parkflächen sowie durch deren optimierte Nutzung mit neuen Parkkonzepten, wie Telematikparken, reagiert werden. Dabei parken die Lkw hintereinander, was an geeigneten Standorten eine Steigerung der Parkkapazität um bis zu 50 % verspricht [106].

5.3 E-Lkw-Laden in Baden-Württemberg

Während der Fokus der ersten beiden Fallstudien auf der Anwendung des standortbezogenen Ansatzes für exemplarische Einzelstandorte lag, fokussiert sich die letzte Fallstudie nun auf die großflächige Anwendung beider Modellierungsansätze. Im Rahmen dieser Fallstudie werden die Auswirkungen des E-Lkw-Ladens auf Baden-Württemberg und dessen Regionalisierung auf Gemeinden und Umspannwerke untersucht. Diese überregionale Betrachtung bietet gleichzeitig die Möglichkeit, die Ergebnisse des standortbezogenen und des fahrzeugbezogenen Ansatzes miteinander zu vergleichen.

5.3.1 Beschreibung der Fallstudie

Der Fokus der Fallstudie liegt auf der Betrachtung des Bundeslandes Baden-Württemberg. Zur Bestimmung des Ladebedarfs von E-Lkw über den fahrzeugbasierten Ansatz sind Informationen zur Art und Anzahl der in Baden-Württemberg fahrenden Lkw notwendig. Tabelle 5-1 zeigt den Bestand aktuell in Baden-Württemberg zugelassener Lkw unterteilt nach Lkw-Gewichtsklassen. Es sind 445 Tausend Lkw zugelassen, davon ist mit 78,3 % der größte Anteil in der leichtesten Gewichtsklasse unter 3,5 t vertreten, den zweitgrößten Anteil machen schwere Lkw über 18 t mit 11,0 % aus.

Tabelle 5-1: Bestand zugelassener Lkw in Baden-Württemberg nach Gewichtsklassen. Daten aus [107] und [89].

Zugelassene Lkw	Gesamt	Nach Fahrzeugklassen			
		3,5 t Lkw	7,5 t Lkw	18 t Lkw	>18 t Lkw
Anzahl / Tsd.	445	349	30	17	49
Anteil / %	100	78,4	6,8	3,8	11,0

Um den E-Lkw-Ladebedarf auch über den standortbezogenen Ansatz bestimmen zu können, bedarf es Informationen über die Anzahl, Art und Größe von Logistikzentren und Autobahnraststätten in Baden-Württemberg. Diese wurden aus öffentlich verfügbaren Daten in [104] extrahiert, erheben jedoch keinen Anspruch auf Vollständigkeit. Insgesamt konnten 848 Logistikzentren und 69 Raststätten und Autohöfe identifiziert werden. Abbildung 5-12 zeigt die Lage der Logistikzentren und Rastanlagen in Baden-Württemberg. Während die Raststätten in einigermaßen regelmäßigem Abstand an den Autobahnen verteilt sind, liegt ein Großteil der Logistikzentren entweder im Großraum Stuttgart oder an der A5 am westlichen Rand Baden-Württembergs.

Um die Auswirkungen des E-Lkw-Ladebedarfs auf das Stromnetz bewerten zu können, bedarf es neben den Ladestandorten Informationen zur Lage der Umspannwerke. Auch diese wurden aus öffentlichen Daten extrahiert. In Abbildung 5-12 sind daher neben den Ladestandorten auch die Art und Lage dieser Umspannwerke verzeichnet. Es wird dabei zwischen HS/MS- und HöS/HS-UWs unterschieden. Dies erlaubt es später, den Ladebedarf anhand der geringsten geografischen Distanz der Ladestandorte den einzelnen UWs zuzuordnen.

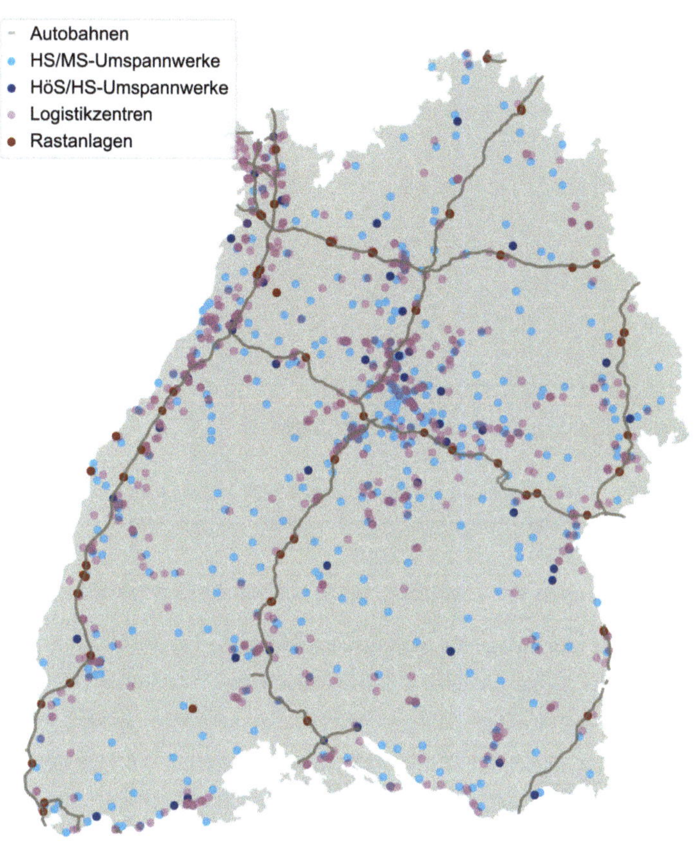

Abbildung 5-12: Übersicht der Lage charakteristischer E-Lkw Ladestandorte in Baden-Württemberg und der HS/MS sowie HöS/HS-Umspannwerke.

Damit neben der Regionalisierung des Ladebedarfs auch der Einfluss auf den Lastgang in Baden-Württemberg quantifiziert werden kann, ist in Abbildung 5-13 die mittlere wöchentliche Regelzonenlast aus [108] dargestellt. Auf diese kann der Lastgang durch E-Lkw-Laden nachfolgend addiert werden. Sie legt die Zeitauflösung und den Simulationszeitraum dieser Fallstudie mit 15-Minuten-Mittelwerten und einer Woche im Januar fest. Es zeigt sich ein stark tages- sowie jahreszeitabhängiger Leistungsbedarf mit 9,6 GW in der Spitze im Januar und

4,4 GW minimal im Juli. Am Wochenende ist der Leistungsbedarf deutlich geringer als an Werktagen.

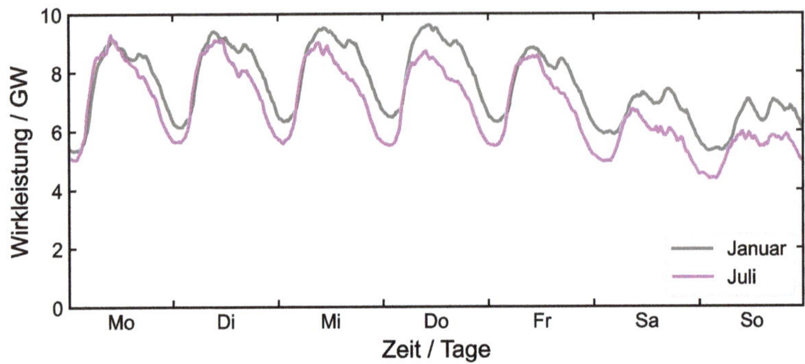

Abbildung 5-13: Mittlere wöchentliche Regelzonenlast 2023 im Januar und Juli in der Regelzone der TransnetBW. Eigene Darstellung, Daten aus [108].

5.3.2 Auswirkungen von Elektromobilität auf den Gesamtlastgang

Im ersten Schritt wird untersucht, wie sich der Ladebedarf von E-Lkw auf die mittlere wöchentliche Regelzonenlast in Baden-Württemberg auswirken kann. Dazu werden beide vorgestellten Ladeprofilmodellierungsansätze genutzt, um den E-Lkw-Ladebedarf für Baden-Württemberg zu quantifizieren. Im Folgenden ist jeweils zunächst das Vorgehen zur Hochskalierung mittels der beiden Ansätze beschrieben, ehe auf die Ergebnisse eingegangen wird.

Zur Bestimmung des E-Lkw-Ladebedarfs in Baden-Württemberg mittels des fahrzeugbezogenen Ansatzes ist das Vorgehen wie folgt:

1. Bestimmung der Größe der Lkw-Flotte in Baden-Württemberg und Aufteilung der Fahrzeuge auf die vier Lkw-Gewichtsklassen (bis 3,5 t, bis 7,5 t, bis 18 t und bis 40 t).
2. Erstellung eines Ladeprofils für jedes Fahrzeug für den gewünschten Betrachtungszeitraum und Kumulierung zum Gesamtladebedarf der Lkw-Flotte.

Für Schritt 1 werden die Angaben zum Fahrzeugbestand in Baden-Württemberg aus Tabelle 5-1 genutzt. Weitere Möglichkeiten sind beispielsweise die Nutzung von Verkehrszähldaten oder Verkehrssimulationen. Diese liegen für die betrachtete Fallstudie jedoch nicht im benötigten Umfang vor. Ein Nachteil der Nutzung des Fahrzeugbestandes ist, dass nicht garantiert werden kann, dass der Bestand tatsächlich die Anzahl der verkehrenden Lkw angibt, da Fahrzeuge auch außerhalb Baden-Württembergs gemeldet sein können oder in Baden-Württemberg gemeldet sind, aber nicht dort verkehren. Außerdem sind nicht nur Fahrzeuge des Güterverkehrs, sondern beispielsweise auch Transporter von Handwerkern inkludiert. Dennoch liefert die Hochrechnung über den Bestand einen Anhaltspunkt für die weitere Abschätzung des Ladebedarfs der E-Lkw.

Für eine Woche im Januar wurde Schritt 2 durchgeführt und für jedes Fahrzeug der Flotte ein Wochenladeprofil mittels des fahrzeugbezogenen Ansatzes bestimmt. Abbildung 5-14 zeigt die Ergebnisse der fahrzeugbezogenen Modellierung, wenn der gesamte Lkw-Bestand in Baden-Württemberg elektrifiziert wird. Dabei wurde der Wochenverlauf der Ladelast unterschieden nach den Lkw-Größenklassen auf die mittlere Regelzonenlast im Januar addiert. Es wird von einem Nachladen bei jedem Stopp mit minimal notwendiger Ladeleistung zur Deckung des Ladebedarfs ausgegangen.

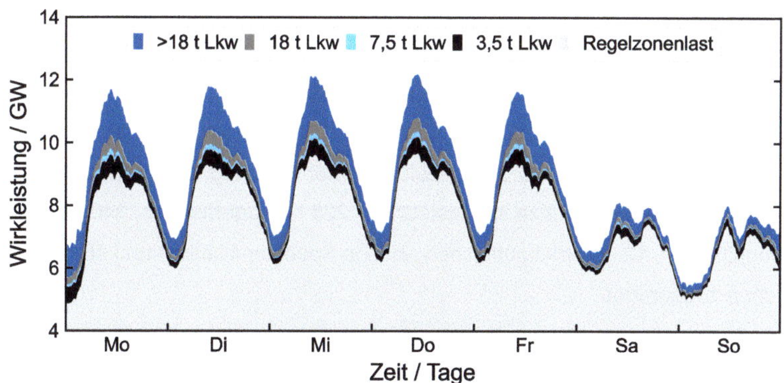

Abbildung 5-14: Wochenverlauf der Regelzonenlast in Baden-Württemberg und Beitrag durch E-Lkw-Laden der verschiedenen Lkw-Größenklassen bei einer Elektrifizierung von 100% des Fahrzeugbestandes.

Bei einer Elektrifizierung des Gesamtbestandes an Lkw kann demnach die Spitzenlast in Baden-Württemberg um bis zu 2,7 GW auf 12,1 GW erhöht werden. Dabei führt das Nachladen bei jedem Stopp aufgrund des Fahrverhaltens der Lkw zu einem Anstieg der Spitzenlast tagsüber. Da am Wochenende wesentlich weniger Fahrzeuge unterwegs sind, ändert sich die Spitze der Regelzonenlast hier nur marginal. Insgesamt tragen die schweren Lkw über 18 t zu 50 % der Ladelast durch E-Lkw bei, obwohl sie nur 11,0 % des Lkw-Bestandes ausmachen. Dies liegt an den deutlich höheren Fahrleistungen und Fahrzeugverbräuchen der schweren Lkw im Vergleich zu den anderen Gewichtsklassen.

Die Bestimmung des E-Lkw-Ladebedarfs mittels des standortbezogenen Ansatzes unterscheidet sich vom fahrzeugbezogenen Ansatz und lässt sich in folgende Schritte untergliedern:

1. Identifikation möglicher Ladestandorte für E-Lkw in Baden-Württemberg (Logistikzentren und Raststätten) inklusive der Gebäudefläche bei den Logistikzentren, der Parkplatzanzahl bei den Raststätten und Klassifikation der Logistikzentren nach Typen.
2. Erstellung von Ladeprofilen für die unterschiedlichen Ladestandorte für den gewünschten Betrachtungszeitraum anhand ihrer Größe und Kumulierung zum Gesamtladebedarf aller Ladestandorte.

Für Schritt 1 wurden die identifizierten Logistikzentren und Raststätten in Baden-Württemberg aus Kapitel 5.2.1 verwendet. Die Logistikzentren wurden darüber hinaus anhand ihrer Namen sowie der Gebäudefläche den fünf unterschiedlichen Logistikzentrumstypen (Distributionszentrum, Stückgut-Depot, Lager, Spedition, KEP-Depot) zugeordnet. Diese Zuordnung kann unter exakter Kenntnis des Typs in Zukunft noch verfeinert werden. Hinsichtlich der Gesamtgrößen der Ladestandorte wurden 4291 Parkplätze an Raststätten, 228 ha Lagerflächen, 140 ha Distributionsflächen, 42 ha Stückgutflächen, 292 ha Speditionsflächen und 46 ha KEP-Flächen zugeordnet.

Für diese Größen wurden in Schritt 2 Ladeprofile für eine Woche im Januar erstellt. Es wurde angenommen, dass 100 % der Lkw an den Ladestandorten elektrifiziert werden und ein Laden mit minimal notwendiger Ladeleistung stattfindet. Für eine Vergleichbarkeit mit den Ergebnissen des fahrzeugbezogenen Ansatzes wird hier lediglich Szenario 1 (Laden der zuvor gefahrenen Strecke) analysiert. Abbildung 5-15 zeigt die Ergebnisse für ein Laden von E-Lkw an allen identifizierten Ladestandorten in Baden-Württemberg addiert auf die Regelzonenlast unterschieden nach den Ladestandorten.

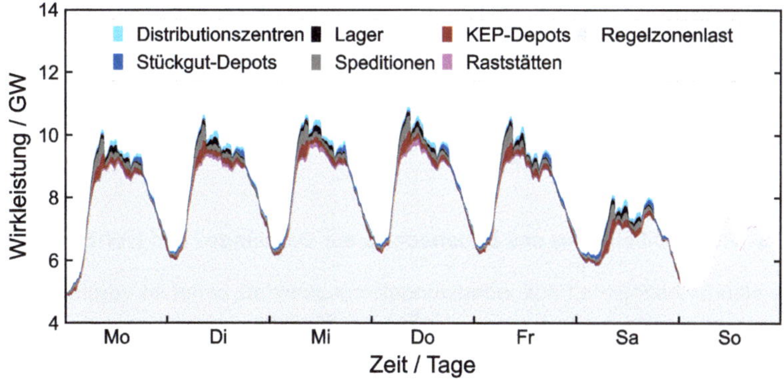

Abbildung 5-15: Wochenverlauf der Regelzonenlast in Baden-Württemberg und Beitrag durch E-Lkw-Laden der verschiedenen Ladestandorte bei einer Elektrifizierung von 100 % der Fahrzeuge an den Standorten in Szenario 1.

Durch das Laden der E-Lkw an den Ladestandorten wird eine Spitzenlast von bis zu 1,5 GW verursacht. Dabei teilt sich die Ladelast zeitabhängig auf die unterschiedlichen Ladestandorte auf. Die höchsten Lastspitzen entstehen dabei am Vormittag. Da für die Sonntage kein Verkehr an den Logistikzentren angenommen wurde, besteht hier lediglich ein minimaler Ladebedarf an den Raststätten.

Hinsichtlich des zeitlichen Verlaufs in Bezug auf Tag- und Nachtunterschiede sowie den Zeitpunkt der Lastspitze ähneln sich die fahrzeugbezogene und die ladestandortbezogene Modellierung. Allerdings tritt einerseits bei der fahrzeugbezogenen Modellierung auch sonntags ein sichtbarer Ladebedarf auf, andererseits liegen die Lastspitzen durch E-Lkw-Laden im fahrzeugbezogenen Ansatz mit 2,7 GW deutlich über den 1,5 GW beim standortbezogenen Ansatz. Dahinter stehen vor allem drei Gründe:

1. Die Annahme, dass der gesamte Fahrzeugbestand beim fahrzeugbezogenen Ansatz auch tatsächlich dauerhaft in Baden-Württemberg lädt.
2. Die Tatsache, dass bei der Annahme des gesamten Fahrzeugbestandes beim fahrzeugbezogenen Ansatz auch Fahrzeuge aus anderen Branchen, als dem Transportgewerbe, wie beispielsweise Handwerk, Forst- und Landwirtschaft berücksichtigt werden.
3. Der Sachverhalt, dass über die Identifikation der Ladestandorte basierend auf Kartendaten nicht alle realen Ladestandorte in Baden-Württemberg

vollständig aufgefunden werden und diese auch nicht zweifelsfrei den richtigen Logistikzentrumstypen zugeordnet werden können.

Insgesamt liefern beide Modellierungsansätze dennoch wichtige Erkenntnisse über die Größenordnung und das Zeitverhalten eines zukünftigen Ladebedarfs von E-Lkw in Baden-Württemberg.

5.3.3 Regionalisierung des Ladebedarfs auf Gemeinde- und UW-Ebene

Der standortbezogene Ladebedarfsmodellierungsansatz bietet im Vergleich zum fahrzeugbezogenen Ansatz besonders bei der Regionalisierung des Ladebedarfs große Vorteile. Im Folgenden wird der E-Lkw-Ladebedarf aus dem standortbezogenen Ansatz auf die Gemeinden und UWs in Baden-Württemberg regionalisiert. Dazu wurden die Ladestandorte den einzelnen Gemeinden und UWs zugeordnet. Die Ergebnisse der Regionalisierung zeigt Abbildung 5-16 für die Gemeinden.

In Abbildung 5-17 ist die Regionalisierung auf die HS/MS-UWs sowie Abbildung 5-18 auf die HöS/HS-UWs dargestellt. Basis in allen drei Regionalisierungen ist dabei das Laden aller Fahrzeuge an den Ladestandorten mit minimal notwendiger Ladeleistung in Szenario 1. Sowohl bei den Gemeinden als auch bei den UWs zeigen sich stark unterschiedliche Werte der Spitzenlast in Abhängigkeit der regionalen Lage. In beiden Fällen sind hauptsächlich Standorte in der Nähe der Autobahnen sowie im Großraum Stuttgart betroffen. Bei den UWs sind es vor allem Standorte an der A5 und A81 sowie rund um Stuttgart. Bei den Gemeinden handelt es sich bei Bruchsal, Heilbronn, Karlsruhe, Lahr, Mannheim, Villingen-Schwenningen und Waiblingen um besonders betroffene Orte. Diese starke Regionalisierung auf wenige besonders betroffene Gemeinden und UWs erleichtert jedoch auch die Auswahl der Standorte mit bevorzugtem Ausbau des Stromnetzes und damit die Netzintegration dieses Ladebedarfs.

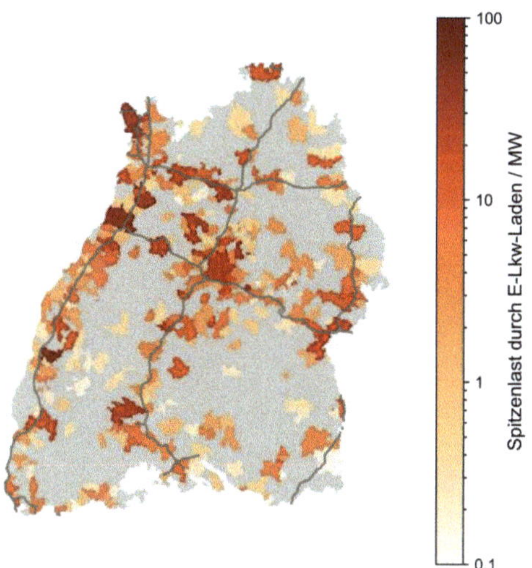

Abbildung 5-16: Regionalisierung der Spitzenlast durch E-Lkw-Laden in Baden-Württemberg auf Gemeindeebene basierend auf der standortbezogenen Ladebedarfsmodellierung beim gleichmäßigen Laden mit minimaler Ladeleistung in Szenario 1.

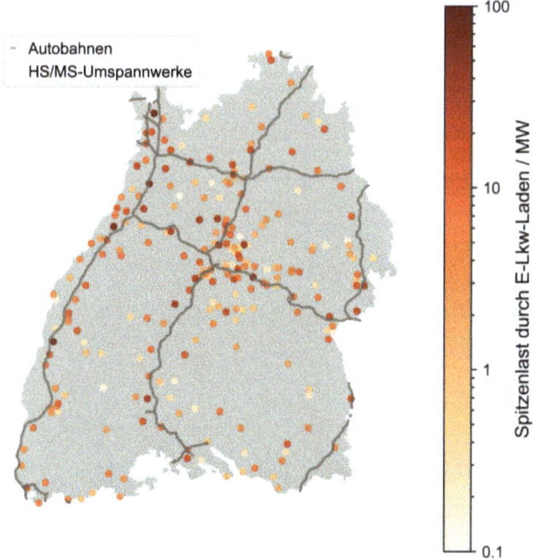

Abbildung 5-17: Regionalisierung der Spitzenlast durch E-Lkw-Laden in Baden-Württemberg auf die HS/MS-UWs basierend auf der Entfernung des Ladestandorts zum UW beim gleichmäßigen Laden mit minimaler Ladeleistung in Szenario 1.

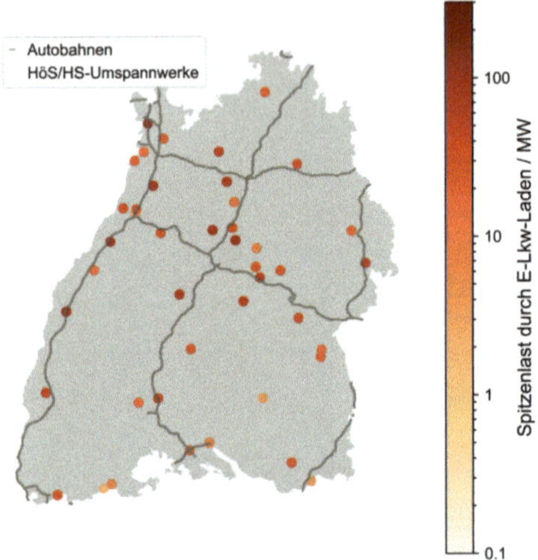

Abbildung 5-18: Regionalisierung der Spitzenlast durch E-Lkw-Laden in Baden-Württemberg auf die HöS/HS-UWs basierend auf der Entfernung des MS/HS-UWs zum HöS/HS-UW beim gleichmäßigen Laden mit minimaler Ladeleistung in Szenario 1.

6 Erkenntnisse und Empfehlungen für die Netz- und Energiesystemplanung mit E-Lkw

Im Rahmen dieser Arbeit wurden die Auswirkungen von E-Lkw auf das elektrische Energieversorgungssystem untersucht. Um die entwickelten Methoden und Ergebnisse in die Praxis zu überführen, werden in diesem Kapitel Erkenntnisse und Empfehlungen für die Netz- und Energiesystemplanung mit E-Lkw abgleitet. Dies erlaubt es den Planerinnen und Planern, den Ladebedarf von E-Lkw auch in ihren eigenen Betrachtungen zu berücksichtigen. Dazu werden im Folgenden zunächst die Kernergebnisse dieser Arbeit zusammengefasst, ehe auf die Kennwerte zur Charakterisierung des E-Lkw-Ladebedarfs und auf die Umsetzung der Netz- und Energiesystemplanung mit E-Lkw eingegangen wird.

6.1 Kernergebnisse dieser Arbeit

Die folgenden sechs Unterpunkte fassen die wichtigsten Kernergebnisse dieser Arbeit zusammen:

- Mithilfe der entwickelten Methodik zur Ladeprofilgeneration von E-Lkw kann deren Ladebedarf zeitreihenbasiert quantifiziert und ladestandortspezifisch regionalisiert werden.
- Die Anwendung der Methodik auf charakteristische Ladestandorte und Flotten erlaubt die Analyse des zukünftigen Ladebedarfs hinsichtlich Ladeinfrastrukturauslegung, Energiebedarf, Lastgang und Flexibilitätspotential sowie die Identifikation möglicher Lade-Hotspots.
- Der Ladebedarf der E-Lkw kann je nach betrachtetem Ladestandort und behandelter E-Lkw-Flotte hinsichtlich Energiebedarf, Spitzenlast und Zeitverhalten stark variieren, dadurch entstehen deutliche regionale Hotspots.
- Die zu erwartenden Lasten durch E-Lkw können bei einer Vollelektrifizierung im ein- bis zweistelligen MW-Bereich liegen. An kleineren Standorten reicht ein Anschluss im Mittelspannungsnetz aus, an mittleren bis großen Standorten wird ein Direktanschluss am Umspannwerk und bei sehr großen Standorten ein Hochspannungsanschluss benötigt.

- Das Stromnetz muss bereits jetzt auf das Laden von E-Lkw vorbereitet werden, da dieses bedeutende Auswirkungen auf Netzanschlüsse, Betriebsmittelauslastungen sowie die Last und Flexibilität im Energiesystem zeigt.
- Die aktuell häufig alleinige Auslegung von Betriebsgeländen und Raststätten auf das Laden von E-Pkw ist unzureichend und nicht vorausschauend, da kombiniert mit dem E-Lkw-Laden deutlich veränderte Ladebedarfe auftreten können.

Damit stellt sich die Frage, wie die Methoden und Ergebnisse dieser Arbeit konkret in der Netz- und Energiesystemplanung angewandt werden können. So ist es in der Praxis nicht möglich, dass die Planerinnen und Planer den Ladebedarf für jedes Fahrzeug und jeden Ladestandort basierend auf den vorgestellten Verfahren einzeln modellieren. Zu diesem Zweck werden im folgenden Kapitel verallgemeinerte Kennwerte des E-Lkw-Ladebedarfs vorgestellt, die direkt verwendet werden können. Im Anschluss daran wird darauf eingegangen, wie die Anwendung der Kennwerte erfolgen kann und welche Vorteile gleichzeitig die Verwendung der Gesamtmethodik bietet.

6.2 Kennwerte zur Charakterisierung des E-Lkw-Ladenbedarfs

Zur Charakterisierung des Ladebedarfs von E-Lkw an Ladestandorten und Flotten werden die Ergebnisse dieser Arbeit hinsichtlich Spitzenlast, Gleichzeitigkeit und Standardlastprofilen ausgewertet.

6.2.1 Spitzenlasten für E-Lkw-Ladestandorte

Um das Laden an E-Lkw-Ladestandorten vereinfacht zu betrachten, kann eine individuelle Spitzenlast für den betrachteten Standort angenommen werden. Dabei werden die in [90][27] identifizierten Spitzenlasten hinsichtlich Ladeszenarien und Ladestandorten erweitert. Für die sechs Ladestandorte dieser Arbeit: Distributionszentrum, Stückgut-Depot, Spedition, Lager, KEP-Depot und Autobahnraststätte sind in Abbildung 6-1 die mittleren erwarteten Spitzenlasten in

[27] Hierbei handelt es sich um Analysen der Autorin dieser Arbeit.

Abhängigkeit der Standortgröße dargestellt. Die Standortgröße bezieht sich bei den Logistikzentren auf die Gebäudefläche, bei den Autobahnraststätten auf die Anzahl der Lkw-Parkplätze. Um eine Sensitivität auf unterschiedliche Ladeleistungen und zurückgelegte Strecken abzubilden, wird dabei zwischen drei Nachladeszenarien unterschieden:

- Nachladen von 100 % der Batteriekapazität beim gleichmäßigen Laden mit minimal notwendiger Ladeleistung (Szenario 3, Pmin).
- Nachladen der zuvor gefahrenen Strecke beim sofortigen Laden mit maximaler Ladeleistung von 3750 kW (Szenario 1, Pmax).
- Nachladen der zuvor gefahrenen Strecke beim gleichmäßigen Laden mit minimal notwendiger Ladeleistung (Szenario 1, Pmin)

Die Darstellung berücksichtigt dabei eine Elektrifizierung von 100 % der ankommenden Lkw. Da die Standortgröße als proportional zur Anzahl ankommender Lkw angenommen wird, kann zur Betrachtung einer niedrigeren Elektrifizierungsquote die Standortfläche dementsprechend herunterskaliert werden. Soll beispielsweise ein Stückgut-Depot mit 1 ha Gebäudefläche und einer Elektrifizierungsquote von 50 % betrachtet werden, können die zugehörigen Spitzenlasten aus Abbildung 6-1 (b) bei 50 % der Gebäudefläche (0,5 ha) abgelesen werden. Ist zusätzlich oder anstelle zur Gebäudefläche die Anzahl der täglich ankommenden Lkw am Ladestandort für die Logistikzentren bekannt, kann diese verwendet werden. Dies führt, wie in Kapitel 5.1 gezeigt, gerade bei Einzelbetrachtungen von Standorten zu realitätsnäheren Ergebnissen. Eine Umrechnung der Anzahl ankommender Lkw auf die Gebäudefläche kann mittels der in Tabelle 6-1 dargestellten Verkehrskennwerte aus [28] erfolgen. Damit können dann wieder die zugehörigen Spitzenlasten aus Abbildung 6-1 abgelesen werden.

Tabelle 6-1: Umrechnung der Gebäudefläche in die Anzahl ankommender Lkw.

Bezeichnung	**Ankommende Lkw / ha-Hallenfläche und Werktag**
Distributionszentrum	162
Stückgut- und KEP-Depot	537
Spedition	166
Lager	73

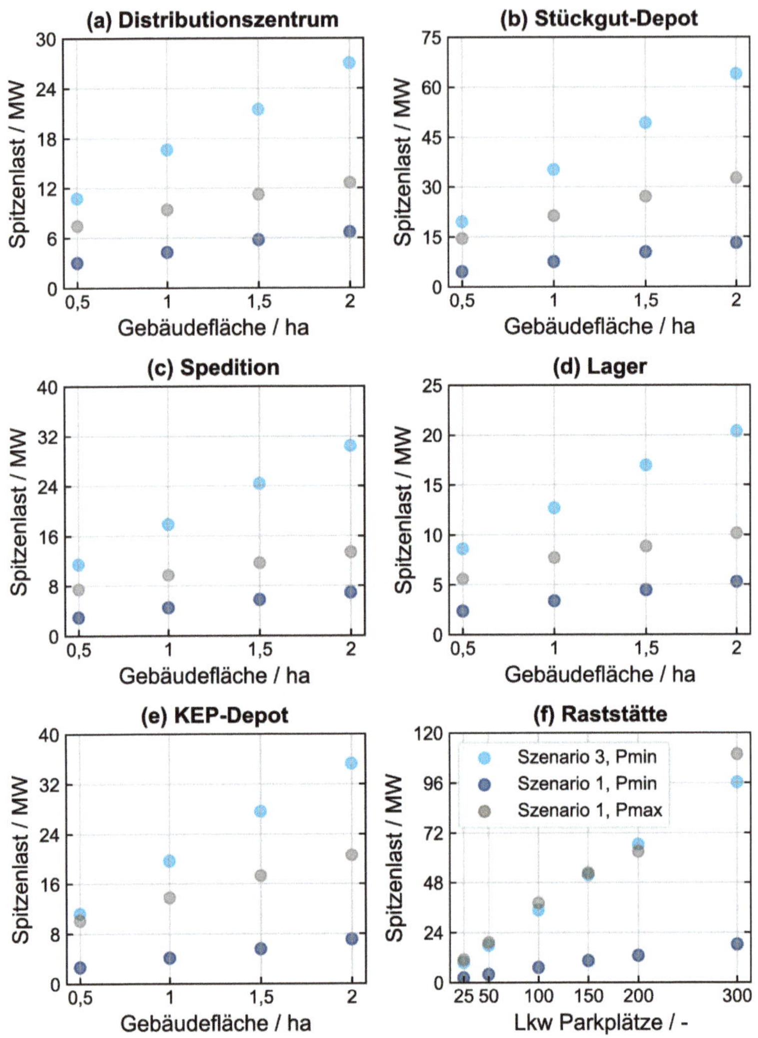

Abbildung 6-1: Übersicht der mittleren Spitzenlasten durch E-Lkw-Laden an den unterschiedlichen Ladestandorten in Abhängigkeit der Standortgröße und des Ladeszenarios.

6.2.2 Gleichzeitigkeitsfaktoren für E-Lkw-Flotten

Auch der Ladebedarf von E-Lkw-Flotten kann mithilfe von Kennwerten vereinfacht berücksichtigt werden. Dazu wurden aus den generierten Ladeprofilen Gleichzeitigkeiten in Abhängigkeit der Anzahl der Fahrzeuge in der betrachteten Flotte sowie der Ladeleistung bestimmt. Abbildung 6-2 zeigt den Näherungsverlauf der mittleren Gleichzeitigkeitsfaktoren für die vier unterschiedlichen Lkw-Gewichtsklassen in Abhängigkeit der Anzahl der Fahrzeuge und der Ladeleistung je Lkw. Damit kann die verursachte Spitzenlast aus der Ladeleistung, der Anzahl der betrachteten Fahrzeuge sowie dem dazu abgelesenen Gleichzeitigkeitsfaktor nach Gleichung (6-1) bestimmt werden. Die Gleichzeitigkeiten steigen dabei aufgrund des höheren Ladebedarfs mit steigenden Gewichtsklassen an.

$$P_{\text{ges,max,real}}(n) = P_{\text{ges,max,theo}}(n) \cdot g(n) = n \cdot P_{\text{max}} \cdot g(n) \qquad (6\text{-}1)$$

Mit:			
Mit:	$P_{\text{ges,max,real}}$	Tatsächlich gleichzeitig auftretende Spitzenlast aller Ladepunkte	kW
	n	Anzahl der Fahrzeuge	-
	$P_{\text{ges,max,theo}}$	Theoretisch mögliche auftretende Spitzenlast	kW
	$g(n)$	Gleichzeitigkeitsfaktor	-
	P_{max}	Maximal verfügbare Ladeleistung je Ladepunkt	kW

Soll anstelle des sofortigen Ladens mit fest vorgegebenen Ladeleistungen je Lkw das gleichmäßige Laden mit minimal notwendiger Ladeleistung zur Deckung des Ladebedarfs eines Fahrzeugs während der realen Standzeiten betrachtet werden, wird der Beitrag eines einzelnen Fahrzeugs zur Spitzenlast der gesamten Flotte benötigt. Der Näherungsverlauf des mittleren Beitrags zur Spitzenlast je Fahrzeug beim gleichmäßigen Laden mit minimaler Ladeleistung für die vier unterschiedlichen Lkw-Gewichtsklassen ist in Abhängigkeit der Anzahl der Fahrzeuge in Abbildung 6-3 dargestellt.

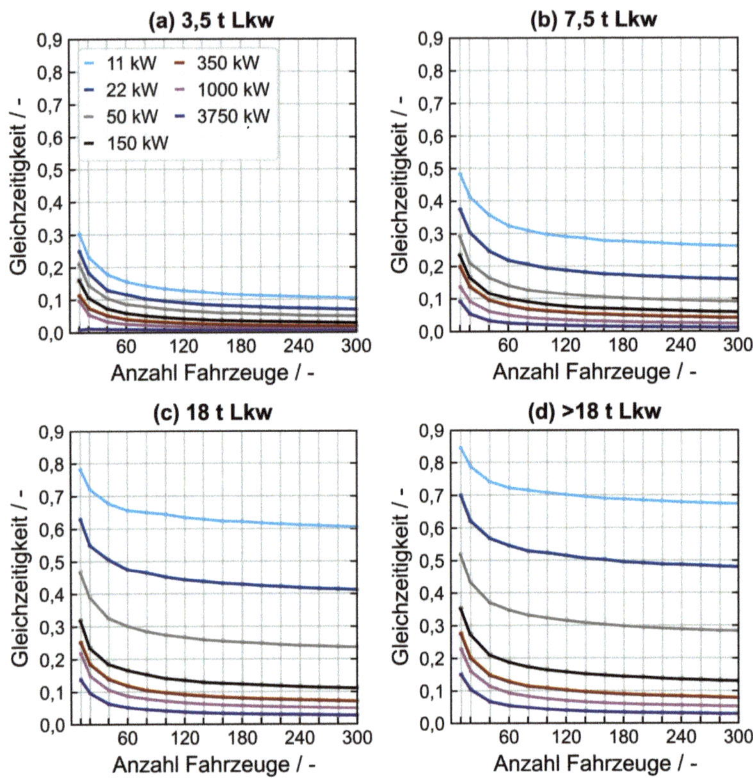

Abbildung 6-2: Näherungsverlauf der mittleren Gleichzeitigkeitsfaktoren für die vier unterschiedlichen Lkw-Gewichtsklassen beim sofortigen Laden in Abhängigkeit der Anzahl der Fahrzeuge und der Ladeleistung je Lkw.

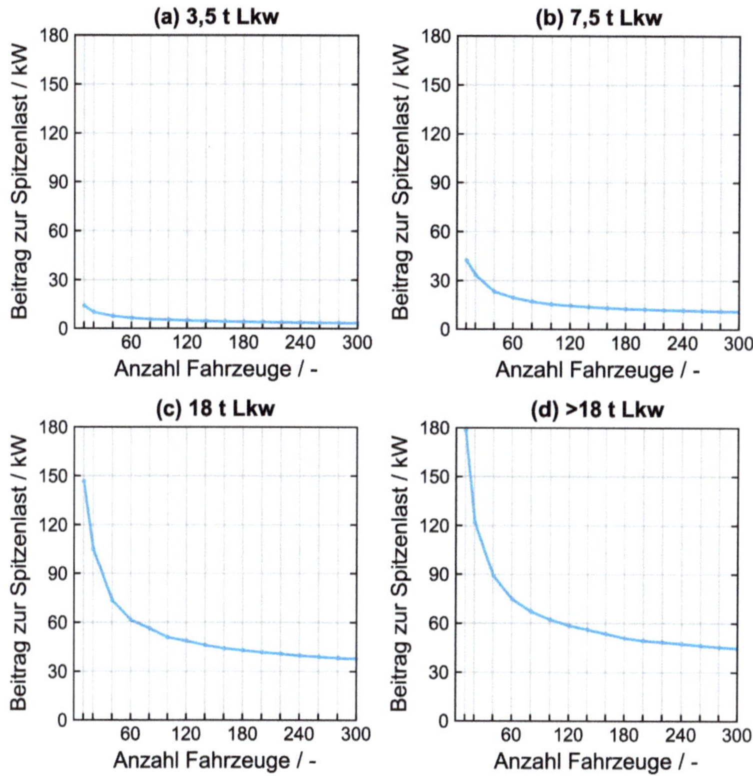

Abbildung 6-3: Näherungsverlauf des mittleren Beitrags zur Spitzenlast je Fahrzeug beim gleichmäßigen Laden mit minimaler Ladeleistung für die vier unterschiedlichen Lkw-Gewichtsklassen in Abhängigkeit der Anzahl der Fahrzeuge.

Die Spitzenlast einer Fahrzeugflotte berechnet sich dann anhand des aus der Grafik abhängig von Fahrzeugklasse und Flottengröße abgelesenen Werts des Beitrags zur Spitzenlast eines Fahrzeugs multipliziert mit der Anzahl der Fahrzeuge nach Gleichung (6-2).

$$P_{\mathrm{ges,max,real}}(n) = n \cdot P_{i,\mathrm{max,real}} \qquad (6\text{-}2)$$

Mit:	$P_{\mathrm{ges,max,real}}$	Tatsächlich gleichzeitig auftretende Spitzenlast aller Ladepunkte	kW
	n	Anzahl der Fahrzeuge	-
	$P_{i,\mathrm{max,real}}$	Beitrag jedes Fahrzeugs i zur Spitzenlast	kW

Möchte man nun beispielsweise die Spitzenlast einer Flotte von 60 18 t Lkw und einer Ladeleistung von 150 kW abschätzen, muss der zugehörige Gleichzeitigkeitswert aus der schwarzen Kurve aus Abbildung 6-2 (c) abgelesen werden und mit der Ladeleistung sowie der Fahrzeuganzahl nach Gleichung (6-1) multipliziert werden. Soll damit die Spitzenlast beim Laden derselben Fahrzeugflotte mit minimal notwendiger Ladeleistung verglichen werden, kann diese über das Ablesen des Beitrags zur Spitzenlast aus Abbildung 6-3 und Multiplikation mit der Flottengröße nach Gleichung (6-2) bestimmt werden.

6.2.3 Standardlastprofile für Ladestandorte

Um den zeitlichen Aspekt der Ladebedarfe vereinfacht in der Netzplanung berücksichtigen zu können, wurden aus den ermittelten Jahresladezeitreihen für die unterschiedlichen Ladestandorte mittlere Werktagslastprofile bestimmt. Diese können als Standardlastprofile für die jeweiligen Ladestandorte angesehen werden. Dabei kann je nach Größe des Standorts und dem angestrebten Ladeszenario ein passendes Profil ausgewählt werden. Über die Umrechnung zwischen Logistikzentrumsfläche und Fahrzeuganzahl aus Tabelle 6-1 kann auch ein Rückschluss auf das Lastprofil bei vorgegebenen täglich am Ladestandort ankommenden Lkw gezogen werden. Auch hier wird zwischen drei Szenarien unterschieden:

- Nachladen von 100 % der Batteriekapazität beim gleichmäßigen Laden mit minimal notwendiger Ladeleistung (Szenario 3, Pmin).
- Nachladen der zuvor gefahrenen Strecke beim sofortigen Laden mit maximaler Ladeleistung von 3750 kW (Szenario 1, Pmax).
- Nachladen der zuvor gefahrenen Strecke beim gleichmäßigen Laden mit minimal notwendiger Ladeleistung (Szenario 1, Pmin)

Abbildung 6-4 zeigt das kumulierte Werktagslastprofil für die E-Lkw-Ladestandorte unterschiedlicher Größen beim gleichmäßigen Laden der E-Lkw mit minimal notwendiger Ladeleistung. Bei den dargestellten Ergebnissen handelt es sich dabei um Szenario 3, d.h. ein Vollladen der Fahrzeugbatterie. Aufgrund der unterschiedlichen Höhen der Lastspitzen für die unterschiedlichen Ladestandorte sind die y-Achsen der Plots unterschiedlich skaliert. Wenn kein Vollladen der Batterie sondern nur ein Nachladen der zuvor gefahrenen Strecke (Szenario 1) hinsichtlich des Ladebedarfs der Fahrzeuge berücksichtigt werden soll, können stattdessen die Verläufe aus Abbildung 6-5 verwendet werden. Auch die Betrachtung der resultierenden Lastprofile beim Laden mit maximaler Ladeleistung von 3750 kW ist möglich. Die zugehörigen Profile finden sich in Abbildung 9-5 im Anhang D.

Die Szenarien 1 und 3 bilden auch hier einen Korridor ab, innerhalb dessen sich die reale Ladelast in Zukunft bewegen kann. Bei der Berücksichtigung der Standardlastprofile werden dennoch die möglicherweise real auftretenden Lastspitzen durch die Mittelung der Profile nicht in voller Höhe berücksichtigt.

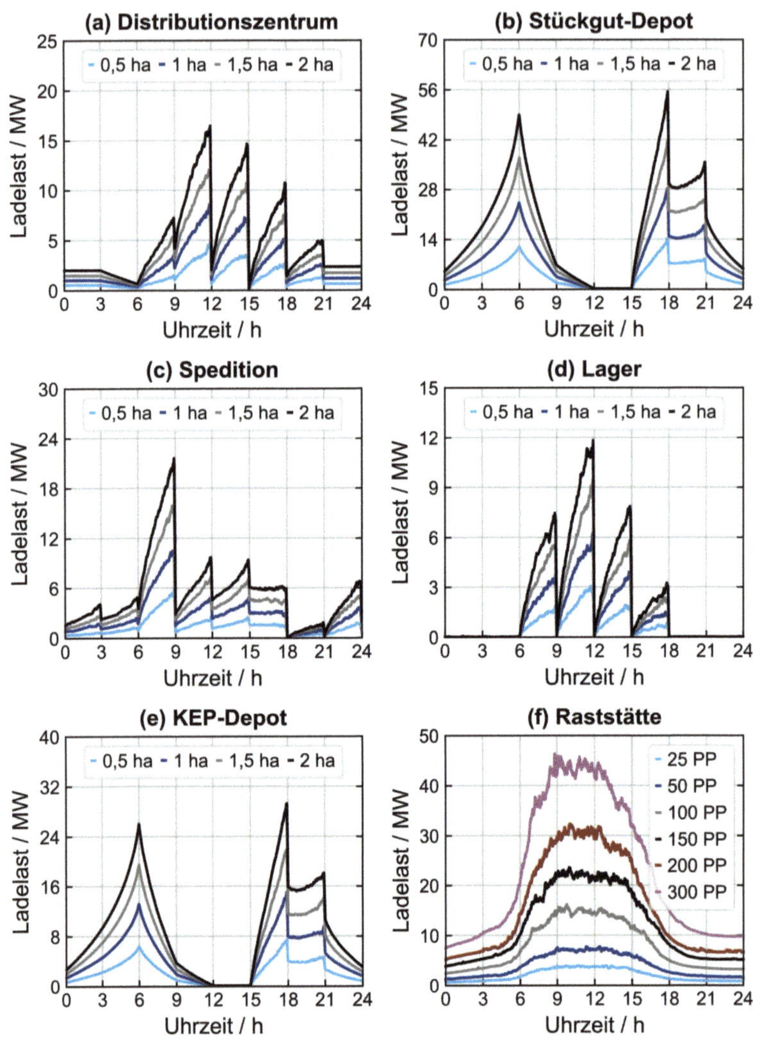

Abbildung 6-4: Mittlere Werktagslastprofile für die E-Lkw-Ladestandorte unterschiedlicher Größen beim Laden mit minimal notwendiger Ladeleistung in Szenario 3.

Die zyklischen Lastspitzen beim Laden mit minimaler Ladeleistung resultieren dabei aus der Auflösung der logistischen Eingangsdaten in 3 h-Intervallen. Dadurch kommt es Richtung Ende eines 3 h-Intervalls bei minimalen Ladeleistungen zu hohen Gleichzeitigkeiten und dementsprechend den resultierenden Lastspitzen.

Dies ergibt in den Diagrammen eine Art Sägezahnfunktion. Diese Lastspitzen sind im mittleren Verlauf besonders ausgeprägt, weil sie an allen Tagen auftreten. Dies kann in Zukunft durch Erhebung höher aufgelöster Belegungsdaten von Logistikzentren vermieden werden.

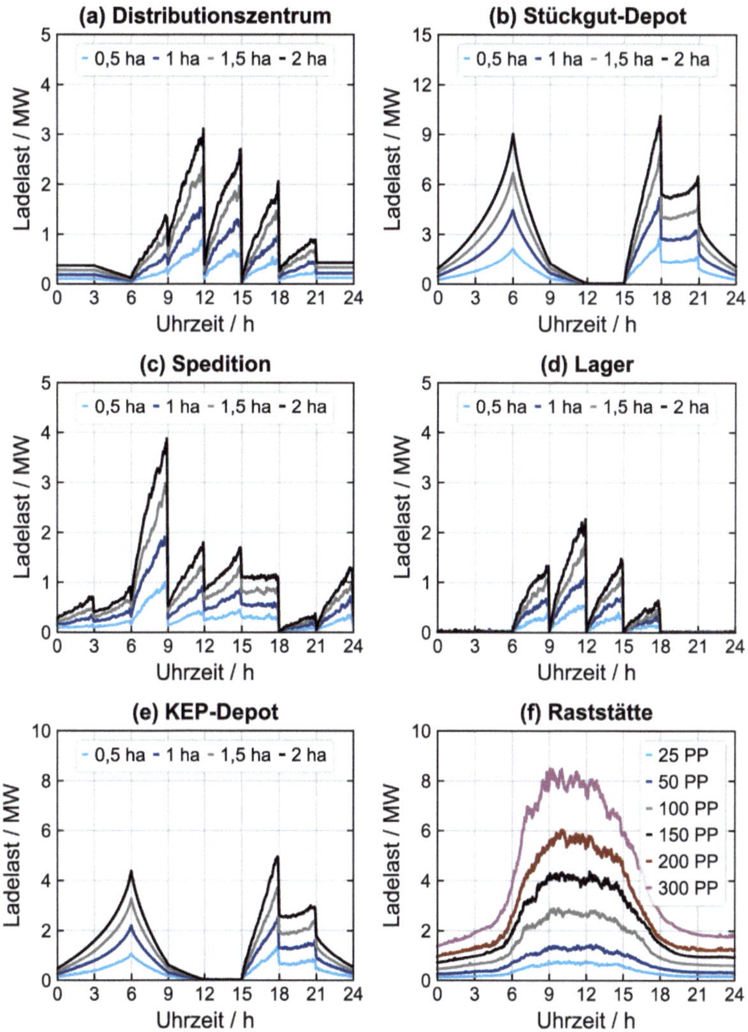

Abbildung 6-5: Mittlere Werktagslastprofile für die E-Lkw Ladestandorte unterschiedlicher Größen beim Laden mit minimal notwendiger Ladeleistung in Szenario 1.

6.2.4 Standardlastprofile für Flotten

Auch für Flotten lässt sich der zeitliche Charakter des Ladebedarfs der Fahrzeuge über Standardlastprofile abbilden. Abbildung 6-6 zeigt den mittleren Verlauf der Wochenlast eines Lkw beim gleichmäßigen Laden mit minimaler Ladeleistung.

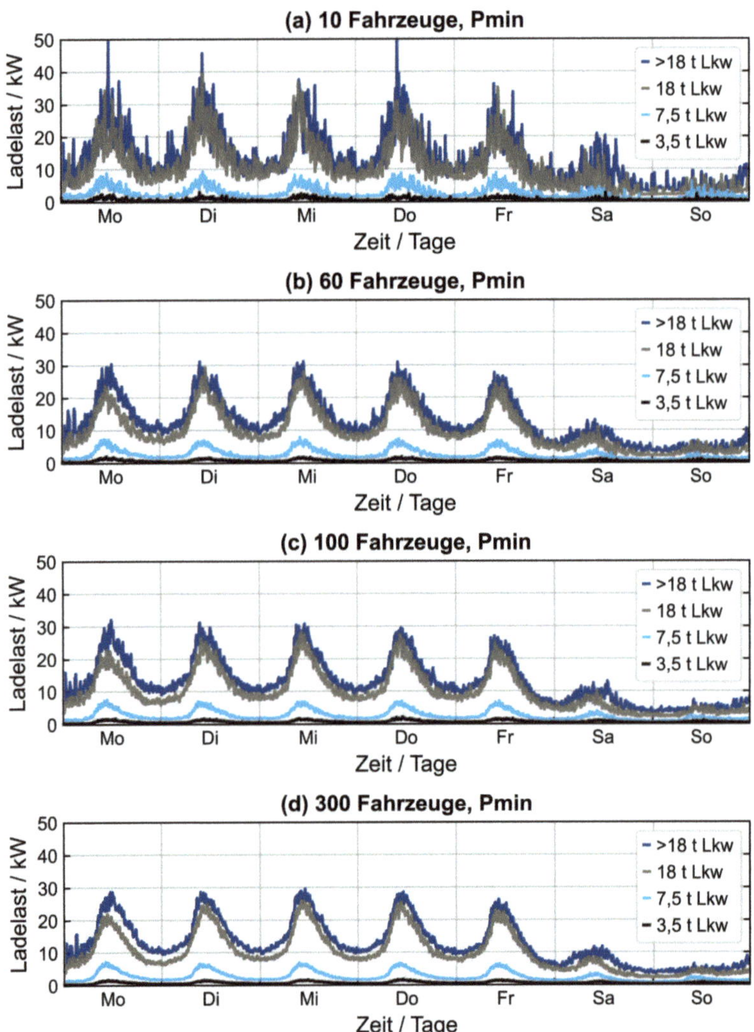

Abbildung 6-6: Mittlerer Verlauf der Wochenlast eines Lkw beim gleichmäßigen Laden mit minimaler Ladeleistung für unterschiedliche Flottengrößen.

Dabei wird zwischen unterschiedlichen Flottengrößen variiert. Je größer die angenommene Flotte, desto stärker ist die Glättung einzelner Lastspitzen in den mittleren Einzelfahrzeugprofilen. Je nach betrachteter Fahrzeugart und Flottengröße können daraus passende Profile abgelesen werden. In Abbildung 9-6 und Abbildung 9-7 im Anhang wird auch das Laden mit festen von der minimal notwendigen Ladeleistung abweichenden Ladeleistungen thematisiert. Dadurch entstehen besonders bei den beiden schweren Gewichtsklassen aufgrund hoher Ladebedarfe auch nachts höhere Spitzenlasten, da die Ladeleistung nicht bei längeren Standzeiten reduziert wird. Die beiden Szenarien im Anhang führen zu höheren Spitzenlasten und Ladeinfrastrukturbedarfen, die zur Umsetzung der bestehenden logistischen Abläufe eigentlich nicht notwendig sind. Für die Zukunft ist es daher für alle Akteurinnen und Akteure, sowohl aus technischer als auch wirtschaftlicher Perspektive, sinnvoller, das Laden mit minimal notwendiger Ladeleistung ohne Einbußen der Produktivität umzusetzen. Dies resultiert in den Verläufen aus Abbildung 6-6.

6.3 Umsetzung der Netz- und Energiesystemplanung mit E-Lkw

Der konkrete Einsatz der in diesem Kapitel abgeleiteten Kennwerte ist abhängig vom Untersuchungsziel und der Art der geplanten Analyse. Abbildung 6-7 zeigt die Integration der Ansätze und Kennwerte zur E-Lkw-Ladebedarfsbestimmung in die unterschiedlichen Untersuchungsziele der Netz- und Energiesystemplanung.

Zunächst erfolgt eine Unterscheidung nach dem Untersuchungsziel. Sollen einzelne Netzanschlüsse auf den Ladebedarf von E-Lkw-Laden ausgelegt werden, können die Ergebnisse des ladestandortbezogenen Ansatzes verwendet werden. Damit kann der Ladebedarf von E-Lkw an charakteristischen Ladestandorten quantifiziert und daraus der Netzanschlussbedarf abgeleitet werden. Dasselbe gilt für die Untersuchung der Auswirkungen von E-Lkw-Laden auf die Auslastung und den Ausbaubedarf der Netzbetriebsmittel in Stromnetzberechnungen. Auch hier liefert der ladestandortbezogene Ansatz die relevanten Ergebnisse für alle Ladestandorte im betrachteten Netzgebiet. Zur Betrachtung der überregionalen Auswirkungen von E-Lkw-Laden auf das Energiesystem dient wiederum der fahrzeugbezogene Ansatz, der es ermöglicht, den Ladebedarf jedes einzelnen Fahrzeugs im betrachteten System abzubilden.

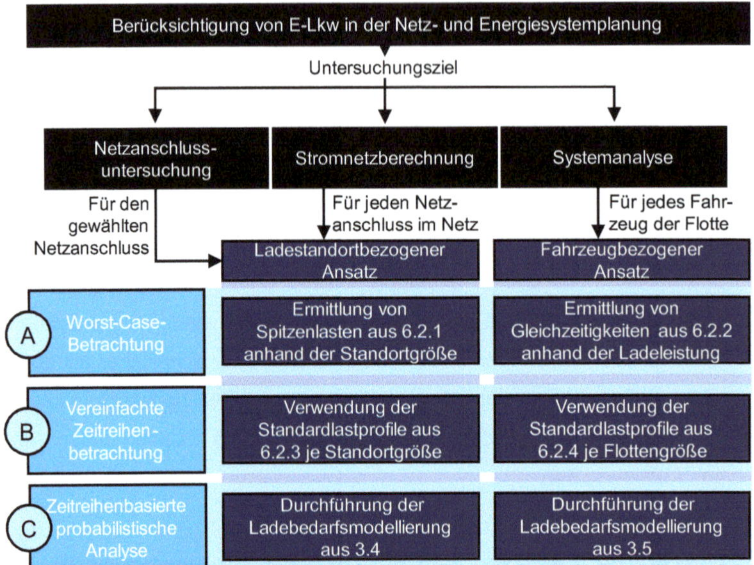

Abbildung 6-7: Einbindung der Ansätze und Kennwerte zur E-Lkw-Ladebedarfsbestimmung in die unterschiedlichen Untersuchungsziele der Netz- und Energiesystemplanung.

Dann erfolgt eine Unterscheidung nach der Art der gewünschten Analyse:

- A: Worst-Case-Betrachtung

  Bei der Worst-Case-Betrachtung sollen lediglich die erwarteten Spitzenlasten durch E-Lkw-Laden der betrachteten Ladestandorte oder Flotten ermittelt werden. Für Netzanschlussuntersuchungen und Stromnetzbetrachtungen können dazu die standort- und größenabhängigen Spitzenlasten für jeden betrachteten Standort direkt aus den Abbildungen in Kapitel 6.2.1 ermittelt werden. Für Flotten kann die Spitzenlast anhand der Flottengröße und der betrachteten Ladeleistung mithilfe der Gleichzeitigkeitsfaktoren aus Kapitel 6.2.2 bestimmt werden.

- B: Vereinfachte Zeitreihenbetrachtung

  In der hier genannten vereinfachten Zeitreihenbetrachtung soll der zeitliche Charakter der E-Lkw-Ladeprozesse im Gegensatz zur Worst-Case-

Betrachtung berücksichtigt werden. Dazu wurden im Rahmen dieser Arbeit Standardlastprofile für Ladestandorte und Flotten ermittelt. Für die Netzanschlussuntersuchung und die Netzberechnung können abhängig der Standortgröße die in 6.2.3 vorgestellten Standardlastprofile für Ladestandorte verwendet werden. Dasselbe gilt für die Systemanalyse, hierfür dienen die Standardlastprofile für Flotten aus 6.2.4.

- C: Zeitreihenbasierte probabilistische Analyse

  Sowohl die Nutzung von Spitzenlasten in der Worst-Case-Betrachtung als auch die Verwendung von Standardlastprofilen in der vereinfachten Zeitreihenbetrachtung ermöglichen eine Individualisierung der betrachteten Standorte und Flotten. Die tatsächliche Auftrittswahrscheinlichkeit der Ladelasten kann dadurch jedoch ebenso wenig berücksichtigt werden wie die vollständige zeitliche Variabilität. Auch werden durch die Bildung von Mittelwerten bei der Standardisierung die Lastspitzen nicht in voller Höhe berücksichtigt. Für umfangreiche Analysen der Ladezeitreihen, deren Auftrittswahrscheinlichkeiten sowie der bestehenden Flexibilitätspotentiale bietet es sich letzten Endes an, die Ladeprofilmodellierungen selbst durchzuführen. Standortbasiert kann dies nach der in Kapitel 3.3 und fahrzeugbasiert nach der in Kapitel 3.4 vorgestellten Methodik erfolgen. Die Analyse der charakteristischen Ladestandorte und Flotten aus Kapitel 4 liefert Anhaltspunkte hinsichtlich der zu erwartenden Ergebnisse.

7 Zusammenfassung und Ausblick

Die Elektrifizierung des Wirtschaftsverkehrs wird in Zukunft zu neuen Herausforderungen im elektrischen Energieversorgungssystem führen. Gleichzeitig erschweren die nur sehr begrenzt vorhandenen Praxiserfahrungen und Daten zum Laden von E-Lkw eine zukunftsfähige Dimensionierung der Energieversorgungsinfrastruktur. Im Rahmen dieser Arbeit wurde daher ein Verfahren entwickelt, dass die Einbindung des E-Lkw-Ladens in die Netz- und Energiesystemplanung ermöglicht. Damit wurden die Auswirkungen von E-Lkw auf das elektrische Energieversorgungssystem analysiert. Der Fokus lag dabei auf den folgenden drei Aspekten:

- dem Einfluss von E-Lkw-Laden auf den Netzanschluss typischer Lkw-Standorte,
- den Auswirkungen des Ladebedarfs auf die Auslastung und Auslegung der überlagerten Verteilnetze,
- sowie den Effekten der Ladeprozesse auf die kumulierte Last und Flexibilität auf Systemebene.

Daraus wurden Erkenntnisse und Empfehlungen für die Netzplanung mit E-Lkw abgeleitet. Damit konnte gezeigt werden, dass sich die Auswirkungen ladender E-Lkw auf das elektrische Energiesystem bereits heute realitätsnah quantifizieren lassen, was eine zukunftssichere Auslegung des Stromnetzes erlaubt.

In Kapitel 2 wurden die Veränderungen in der Stromnetz- und Systemplanung durch den Hochlauf von Elektromobilität thematisiert. Dabei wurde dargestellt, wie eine Elektrifizierung im Straßengüterverkehr vonstattengehen kann, d.h. welche Lademöglichkeiten und Fahrzeuge hier eingesetzt werden können. Anschließend wurde zusammengefasst, was die Integration von Elektromobilität für das elektrische Energiesystem bedeuten kann. Abschließend folgte eine Untersuchung der Auswirkungen von Elektromobilität auf das Stromnetz, was die Aufgaben und Analyseschritte der Stromnetzplanung, existierende Netzplanungsansätze mit Elektromobilität sowie speziell die Berücksichtigung von E-Lkw in der Netzplanung umfasst. Dabei wurde analysiert, welche Ladebedarfe für E-Lkw in vorhandenen Studien ermittelt wurden. Generell hat sich gezeigt, dass die Elektrifizierung hinsichtlich der Strecken und Fahrzeugmodelle im Straßengüterverkehr bereits heute technisch möglich ist. Die Studienlage weist auf deren Auswirkungen auf das Energiesystem hin, fokussiert sich jedoch auf Einzelfallbetrachtungen und liefert dadurch wenig übertragbare Erkenntnisse.

Die im Rahmen dieser Arbeit entwickelten Modellierungsansätze zur Berücksichtigung von E-Lkw im Energieversorgungssystem wurden in Kapitel 3 vorgestellt. Dabei handelt es sich um einen standortbezogenen und einen fahrzeugbezogenen Ansatz. Mithilfe des standortbezogenen Ansatzes kann der Ladebedarf an E-Lkw-Ladestandorten, wie unterschiedlichen Typen von Logistikzentren oder Autobahnraststätten, zeitreihenbasiert modelliert werden. Der fahrzeugbezogene Ansatz konzentriert sich demgegenüber auf den Ladebedarf einzelner Fahrzeuge an unterschiedlichen Standorten basierend auf ihrem Mobilitätsverhalten. Neben den für die Modellierung benötigten Eingangsdaten wurden die verschiedenen Ladeszenarien definiert. Diese erlauben durch eine Variation der Modellparameter eine besonders detaillierte Einschätzung des Ladebedarfs abhängig der Vorgaben. Abschließend wurde die Einbindung der Modellierungsansätze in die Netz- und Energiesystemplanung thematisiert. Während sich der standortbezogene Ansatz dabei für Netzanschlussuntersuchungen und Lastflussimulationen im Verteilnetz eignet, erwies sich der fahrzeugbezogene Ansatz hilfreich für die überregionale Betrachtung des Energiebedarfs und Flexibilitätspotentials der E-Lkw auf Systemebene.

Mithilfe der beiden Ladebedarfsmodellierungsansätze aus Kapitel 3 wurde in Kapitel 4 der Ladebedarf charakteristischer E-Lkw-Ladestandorte und -Flotten untersucht. Dabei wurde neben dem Mobilitätsverhalten der Lkw, deren Energiebedarf, die notwendige Auslegung der Ladeinfrastruktur, der resultierende Ladelastgang sowie das Flexibilitätspotential thematisiert. Es hat sich gezeigt, dass sich der Ladebedarf unterschiedlicher Ladestandorttypen und Fahrzeugarten stark unterscheiden kann. Dies erlaubt die Setzung von Prioritäten in der Netzplanung. So können Netzgebiete mit besonders betroffenen Ladestandorttypen beim Netzausbau priorisiert werden. Hinsichtlich der Auslegung der Ladeinfrastruktur konnte gezeigt werden, dass der aktuell diskutierte MCS-Ladestandard für nahezu alle Ladevorgänge ausreichend und nur für einen geringen Teil der

Ladeprozesse überhaupt notwendig ist. An vielen Ladestandorttypen reicht ein Laden bei aktuell bereits für Pkw vorhandenen üblichen AC- und DC-Ladeleistungen. Das Flexibilitätspotential durch Lastverschiebung erwies sich bei allen Ladestandorten und Fahrzeugklassen als hoch. Eine Nutzung dieser Flexibilitäten für die Zukunft wurde demnach als vielversprechend erachtet.

Die Anwendung der Modellierungsansätze zur Netzintegration von E-Lkw wurde in Kapitel 5 anhand der probabilistischen Netzanschlussbetrachtung dreier realer Praxisbeispiele demonstriert. In der ersten Anwendung wurde der Ladebedarf von E-Lkw an einem realen Logistikzentrum simuliert und die Auswirkungen auf den Netzanschluss und das überlagerte Verteilnetz untersucht. Im zweiten Beispiel wurde der Ladebedarf an zwei realen Autobahnraststätten betrachtet und analysiert, welcher Infrastrukturbedarf vor Ort entsteht. Sowohl an den Autobahnraststätten als auch am Logistikzentrum zeigt sich, dass bei einer Vollelektrifizierung der Ladebedarf der E-Lkw weit über dem der E-Pkw liegen kann. Auch bedarf es für beide Fälle komplett neuer Netzanschlusskonzepte. Als dritter Anwendungsfall wurde das E-Lkw-Laden in Baden-Württemberg betrachtet. Dabei wurde der Ladebedarf auf Gemeinde- und UW-Ebene regionalisiert und die Auswirkungen auf die vertikale Netzlast untersucht. Dies wurde außerdem dazu genutzt die beiden Ladebedarfsmodellierungsansätze miteinander zu vergleichen.

Aus den Ergebnissen der Kapitel 4 und 5 wurden in Kapitel 6 Erkenntnisse und Empfehlungen für die Netzplanung mit E-Lkw abgeleitet. Dies beinhaltet Kennwerte hinsichtlich Spitzenlast und Gleichzeitigkeitsfaktoren für unterschiedliche E-Lkw-Standorte und -Flotten verschiedener Größen. Zudem wurde ein Netzplanungsverfahren vorgeschlagen, dass es ermöglicht, mithilfe dieser Kennwerte das Laden von E-Lkw vereinfacht in der Netzplanung zu berücksichtigen.

Die folgende wissenschaftliche These wurde zu Beginn dieser Arbeit aufgestellt:

Die Auswirkungen ladender E-Lkw auf das elektrische Energiesystem lassen sich bereits heute anhand zeitreihenbasierter Modelle realitätsnah quantifizieren und in die Planungs- und Betriebsprozesse integrieren, was eine zukunftssichere Auslegung des Stromnetzes erlaubt.

Diese These lässt sich anhand der Ergebnisse dieser Arbeit vollständig bestätigen. Die hierfür wichtigsten Kernaussagen sind folgende:

- Mithilfe der entwickelten Methodik zur Ladeprofilgeneration von E-Lkw kann deren Ladebedarf zeitreihenbasiert quantifiziert und ladestandortspezifisch regionalisiert werden.
- Die Anwendung der Methodik auf charakteristische Ladestandorte und Flotten erlaubt die Analyse des zukünftigen Ladebedarfs hinsichtlich Ladeinfrastrukturauslegung, Energiebedarf, Lastgang und Flexibilitätspotential sowie die Identifikation möglicher Lade-Hotspots.
- Die Einbindung der Ergebnisse in probabilistische Netzanschlussbetrachtungen ermöglicht die Analyse der Stromnetzauswirkungen von E-Lkw und damit die Ableitung von Ausbauszenarien für Netzanschlüsse und Stromnetz.
- Mit skalierbaren Spitzenlasten und Gleichzeitigkeitsfaktoren für charakteristischer Ladestandorte und Flotten liefert diese Dissertation Netz-, Logistik- und Infrastrukturbetreibern wichtige Kenngrößen zur bedarfsgerechten Infrastrukturauslegung für das E-Lkw Laden.

Mit der in dieser Arbeit entwickelten Methodik zur Ladebedarfsmodellierung von E-Lkw wurde eine Grundlage geschaffen, um die Auswirkungen von E-Lkw auf das elektrische Energieversorgungssystem realitätsnah untersuchen zu können. Daraus erschließt sich ein Feld weitergehender Forschungsaspekte. So ermöglichen die zeitreihenbasierten Ansätze die Betrachtung von Flexibilitätspotentialen durch ladende E-Lkw. Im Rahmen dieser Arbeit wurden diese bereits exemplarisch quantifiziert. Interessant ist jedoch eine tiefergehende Analyse dieser Flexibilitätspotentiale, deren Erweiterung durch bidirektionales Laden oder deren Mehrwert zur optimierten Integration erneuerbarer Erzeugung. Auch der praktische Einsatz der Potentiale für Systemdienstleistungen stellt einen interessanten Aspekt dar. Dabei ist zu untersuchen, für welche Einsatzzwecke das Flexibilitätspotential von E-Lkw tatsächlich genutzt werden kann, wie sich dies praktisch umsetzen lässt und inwieweit sich dies für die Flottenbetreiber wirtschaftlich lohnen kann.

In dieser Arbeit wurde das E-Lkw-Laden in realen Fallstudien auch kombiniert mit dem E-Pkw-Laden an typischen Standorten untersucht. Dabei zeigte sich die Relevanz der kombinierten Untersuchung der Elektrifizierung unterschiedlicher Verkehrsmittel. Diese gilt es weiter zu vertiefen. Darüber hinaus sollte auch das

Zusammenspiel des E-Lkw-Ladebedarfs mit weiteren zukünftigen Lasten und Erzeugern untersucht werden. Erst dies ergibt ein umfassendes Bild der zukünftigen Anforderungen an das Energiesystem. Dabei ist fraglich, ob die bisherigen Zeitreihenbetrachtungen mit 15-Minuten-Mittelwerten auch bei den hohen Ladeleistungen im Fernverkehr weiterhin ausreichend sind. Eine Erhöhung der Zeitauflösung auch in den Messdaten der Netzbetreiber könnte die Auslegung verbessern. Gleichzeitig müssen die Netze bei zukünftig steigender Durchdringung von Elektromobilität nicht nur auf den Lastfall der Ladeprozesse ausgelegt werden. Mit der Umsetzung des bidirektionalen Ladens wirken sich die Ladeprozesse auch auf den Einspeisefall aus. Dies sollte zukünftig in der Netzplanung bedacht werden.

Eine Übertragung der Ladebedarfsmodellierung auf weitere Anwendungsfälle und Betrachtungsregionen unter Erweiterung der Datenbasis ist ein zusätzlicher Ansatzpunkt zur Vertiefung der Forschungsthematik dieser Arbeit. Dies beinhaltet die Betrachtung weiterer möglicher Ladestandorte, aber auch die Erweiterung der Mobilitätsdaten. So wäre die Betrachtung des europaweiten Fernverkehrs interessant, auch unter Berücksichtigung von GPS-Daten. Diese würden es ermöglichen, den Ladebedarf noch genauer regionalisieren zu können. Darüber hinaus sollten die Ergebnisse auch im Rahmen von Reallaboren validiert werden. Dabei könnte der praktische Einsatz von E-Lkw an realen Vertretern der charakteristischen Ladestandorte untersucht werden. Dadurch könnte nicht nur durch Verkehrszählungen das Ankunfts- und Parkverhalten an Logistikzentren und Autobahnraststätten noch näher bestimmt werden, sondern auch der Ladebedarf der Fahrzeuge im Praxiseinsatz mit den Herstellerangaben abgeglichen werden.

Die Elektrifizierung des Wirtschafsverkehrs ist ein Feld, in dem mit Netz- und Ladeinfrastrukturbetreibern, Fahrzeugherstellern, Standortbetreibern, Logistikunternehmen sowie Vertreterinnen und Vertretern aus der Politik eine Vielzahl unterschiedlicher Parteien beteiligt ist. Für ein Gelingen der Verkehrswende auch im Wirtschaftsverkehr ist ein rechtzeitiger Aufbau der hierfür notwendigen Infrastruktur unerlässlich. Dafür müssen jedoch einerseits die erforderlichen rechtlichen und regulatorischen Rahmenbedingungen vorhanden sein, andererseits ist eine Zusammenarbeit und ein Datenaustausch zwischen den Akteurinnen und Akteuren unerlässlich. So können Netzbetreiber nur anhand der Angaben der Logistikunternehmen rechtzeitig abschätzen, wo ein Netzausbau in die Wege geleitet werden sollte. Auf der anderen Seite ermöglicht die Kenntnis der vorhandenen Netzkapazitätsreserve den Logistikern und Ladeinfrastrukturbetreibern einen Ausbau an ausgewählten Standorten. Diese Vernetzung zwischen den Parteien und vor allem der Datenaustausch ob für Planungs- oder Betriebszwecke sollte weiter forciert werden.

8 Literatur

[1] VDE FNN, *Versorgungszuverlässigkeit – die VDE FNN Störungs- und Verfügbarkeitsstatistik: 2021: Die Versorgungszuverlässigkeit in Deutschland ist weiterhin auf hohem Niveau.* [Online]. Verfügbar unter: https://www.vde.com/de/fnn/arbeitsgebiete/versorgungsqualitaet/versorgungszuverlaessigkeit (Zugriff am: 29. April 2024).

[2] Umweltbundesamt, *Klimaschutz im Verkehr: Rolle des Verkehrs bei den Treibhausgasemissionen in Deutschland.* [Online]. Verfügbar unter: www.umweltbundesamt.de/themen/verkehr/klimaschutz-im-verkehr#pkw (Zugriff am: 21. Mai 2024).

[3] Bundesministerium für Verkehr und digitale Infrastruktur, Hg., "Gesamtkonzept klimafreundliche Nutzfahrzeuge: Mit alternativen Antrieben auf dem Weg zur Nullemissionslogistik auf der Straße", Nov. 2020. [Online]. Verfügbar unter: https://bmdv.bund.de/SharedDocs/DE/Publikationen/G/gesamtkonzept-klimafreundliche-nutzfahrzeuge.pdf?__blob=publicationFile. Zugriff am: 19. Juli 2023.

[4] Bundesministerium für Digitales und Verkehr, Hg., "Verkehr in Zahlen 2022/2023", Flensburg, 2022.

[5] Umweltbundesamt, *Emissionen des Verkehrs.* [Online]. Verfügbar unter: https://www.umweltbundesamt.de/daten/verkehr/emissionen-des-verkehrs#pkw-fahren-heute-klima-und-umweltvertraglicher (Zugriff am: 17. Mai 2022).

[6] Europäische Kommission, *Europäischer Grüner Deal: Kommission schlägt Null Emissionsziel für neue Stadtbusse bis 2030 und 90 % weniger Emissionen für neue Lkw bis 2040 vor.* Straßburg, 2023.

[7] NOW GmbH, "Marktentwicklung klimafreundlicher Technologien im schweren Straßengüterverkehr: Auswertung der Cleanroom-Gespräche 2022 mit Nutzfahrzeugherstellern", Feb. 2023.

[8] C. Werwitzke, *Zulassungen von E-Nutzfahrzeugen: Das Europa der zwei Geschwindigkeiten.* [Online]. Verfügbar unter: www.electrive.net/2024/02/08/zulassungen-von-e-nutzfahrzeugen-das-europa-der-zwei-geschwindigkeiten/ (Zugriff am: 7. September 2024).

[9] K. Walz, D. Pfleger, K. Rudion und R. Schulz, "Flexible Energieversorgung in Logistikzentren zur Erbringung von Systemdienstleistungen in elektrischen Netzen (FELSEN): Forschungsbericht BWPLUS", März 2021.

[10] D. Pfleger und K. Walz, "E-Mobilität flexibel", *Logistik Heute*, Sonderheft, S. 26–27, 2019.

[11] D. Pfleger, K. Walz, R. Schulz, K. Rudion, J. Maurer und C.-M. Moraw, "Ermittlung des logistischen und energetischen Flexibilitätspotentials eines Logistikzentrums unter Berücksichtigung von Elektromobilität" in *Logistics Journal: Proceedings*, 2020, doi: 10.2195/LJ_PROC_PFLEGER_DE_202012_01.

[12] L. Mauch, K. Walz, F. Otteny und D. Pfleger, "Plattform für einen sektorenübergreifenden Austausch von Transport- und Energiedaten", *ATZ - Automobiltechnische Zeitschrift*, Jg. 126, Nr. 1, S. 70–74, 2024, doi: 10.1007/s35148-023-1701-6.

[13] K. Burges und S. Kippelt, *Grid-related challenges of high-power and megawatt charging stations for battery-electric long-haul trucks: study on behalf of Transport & Environment*, 2021.

[14] B. Borlaug *et al.*, "Heavy-duty truck electrification and the impacts of depot charging on electricity distribution systems", *Nat Energy*, Jg. 6, Nr. 6, S. 673–682, 2021, doi: 10.1038/s41560-021-00855-0.

[15] R. El Helou, S. Sivaranjani, D. Kalathil, A. Schaper und Le Xie, "The impact of heavy-duty vehicle electrification on large power grids: A synthetic Texas case study", *Advances in Applied Energy*, Jg. 6, 2022, doi: 10.1016/j.adapen.2022.100093.

[16] K. Göckeler, I. Steinbach, W. K. Görz, F. Hacker, R. Blanck und M. Mottschall, "StratES - Szenarien für die Elektrifizierung des Straßengüterverkehrs: Studie auf Basis von Markthochlaufmodellierungen" Dritter

Teilbericht des Forschungs- und Dialogvorhabens StratES, Öko-Institut, Berlin, 2023.

[17] V. Barthel, J. Schlund, P. Landes, V. Brandmeier und M. Pruckner, "Analyzing the Charging Flexibility Potential of Different Electric Vehicle Fleets Using Real-World Charging Data", *Energies*, Jg. 14, Nr. 16, 2021, doi: 10.3390/en14164961.

[18] W.-H. Arndt, N. Döge und S. Marker, *Elektrifizierungspotential kommerzieller Kraftfahrzeug-Flotten im Wirtschaftsverkehr als dezentrale Energie-Ressource instädtischen Verteilnetzen – komDRIVE*. Berlin: Universitätsverlag der TU Berlin, 2016.

[19] E. Plota, "Gewerbliche Elektrofahrzeuge - Integration in das Energiesystem und wirtschaftliche Ladestrategien für Flotten" Dissertation, Technische Universität Dortmund, Dortmund, 2019.

[20] Buck Consultants International *et al.*, *Charging infrastructure for electric vehicles in city logistics*. Topsector Logistiek, 2019.

[21] C. M. Vertgewall, M. Trageser, M. Kurth und A. Ulbig, "Modeling Probabilistic Driving and Charging Profiles of Commercial Electric Vehicles", *Electric Power Systems Research*, Jg. 212, 2022, doi: 10.1016/j.epsr.2022.108538.

[22] Nationale Leitstelle Ladeinfrastruktur, "Einfach Laden an Rastanlagen: Auslegung des Netzanschlusses für E-Lkw-Lade-Hubs", Sep. 2022.

[23] Bundesnetzagentur, Hg., "Genehmigung des Szenariorahmens 2023-2037/2045: Bedarfsermittlung 2023-2037/2045", Juli 2022. [Online]. Verfügbar unter: www.netzentwicklungsplan.de/sites/default/files/paragraphs-files/Szenariorahmen_2037_Genehmigung.pdf. Zugriff am: 10. August 2023.

[24] Übertragungsnetzbetreiber, "Netzentwicklungsplan Strom 2037 mit Ausblick 2045: Zweiter Entwurf der Übertragungsnetzbetreiber" Zugriff am: 4. August 2023.

[25] Forschungsstelle für Energiewirtschaft e.V., *Kurzstudie Elektromobilität: Modellierung für die Szenarienentwicklung des Netzentwicklungsplans.* München, 2019.

[26] H. J. Kujath, "Logistik" in *Handwörterbuch der Stadt- und Raumentwicklung*, ARL – Akademie für Raumforschung und Landesplanung, Hg., Hannover, 2018, S. 1411–1422.

[27] H. Flämig, "Wirtschaftsverkehr" in *Handwörterbuch der Stadt- und Raumentwicklung*, ARL – Akademie für Raumforschung und Landesplanung, Hg., Hannover, 2018, S. 2889–2899.

[28] T. Wagner, *Verkehrswirkungen von Logistikansiedlungen: Abschätzung und regionalplanerische Bewertung.* Zugl.: Hamburg-Harburg, Techn. Univ., Diss., 2009, 1. Aufl. Münster, Westf: Monsenstein und Vannerdat, 2009.

[29] H. Tempelmeier, Hg., *Begriff der Logistik, logistische Systeme und Prozesse.* Berlin, Heidelberg: Springer Berlin Heidelberg, 2018.

[30] Intraplan Consult GmbH und BVU Beratergruppe Verkehr+Umwelt GmbH, "Verkehrsverflechtungsprognose 2030: Schlussbericht", 11. Juni 2014.

[31] "Straßenverkehrs-Zulassungs-Ordnung: StVZO" in *Bundesgesetzblatt*, 2012.

[32] Kraftfahrt-Bundesamt, *Fahrzeugzulassungen (FZ): Bestand an Kraftfahrzeugen und Kraftfahrzeuganhängern nach Zulassungsbezirken.* [Online]. Verfügbar unter: https://www.kba.de/DE/Statistik/Fahrzeuge/Bestand/ZulassungsbezirkeGemeinden/zulassungsbezirke_node.html (Zugriff am: 27. Juli 2023).

[33] Kraftfahrt-Bundesamt, *Verkehr in Kilometern (VK): Zeitreihe 2014-2022.* [Online]. Verfügbar unter: https://www.kba.de/DE/Statistik/Kraftverkehr/VerkehrKilometer/vk_inlaenderfahrleistung/vk_inlaenderfahrleistung_node.html (Zugriff am: 28. Juli 2023).

[34] Kraftfahrt-Bundesamt, *Verkehr deutscher Lastkraftfahrzeuge (VD): Verkehrsaufkommen Jahr 2022.* [Online]. Verfügbar unter:

https://www.kba.de/DE/Statistik/Kraftverkehr/deutscherLastkraftfahrzeuge/vd_Verkehrsaufkommen/vd_verkehrsaufkommen_node.html (Zugriff am: 28. Juli 2023).

[35] "Gesetz zur Regelung der Arbeitszeit von selbständigen Kraftfahrern: KrFArbZG" in *Bundesgesetzblatt*, 2012.

[36] "RICHTLINIE 2002/15/EG zur Regelung der Arbeitszeit von Personen, die Fahrtätigkeiten im Bereich des Straßentransports ausüben: RICHTLINIE 2002/15/EG" in *Amtsblatt der Europäischen Gemeinschaften*, 2002, S. 35–39.

[37] "VERORDNUNG (EG) Nr. 561/2006 zur Harmonisierung bestimmter Sozialvorschriften im Straßenverkehr und zur Änderung der Verordnungen (EWG) Nr. 3821/85 und (EG) Nr. 2135/98 des Rates sowie zur Aufhebung der Verordnung (EWG) Nr. 3820/85 des Rates" in *Amtsblatt der Europäischen Union*, 2006.

[38] "Verordnung zur Erleichterung des Ferienreiseverkehrs auf der Straße (Ferienreiseverordnung): FerReiseV 1985" in *Bundesgesetzblatt*, 1985.

[39] D. Kirsch, A. Bernsmann, C. Moll und M. Stockmann, *Potenziale einer geräuscharmen Nachtlogistik: Ergebnisse und Handlungsempfehlungen des Forschungsprojekts GeNaLog*. Fraunhofer Verlag, 2017.

[40] S. Raiber, H. Spindler und M. Feldwieser, "Elektrischer Schwerlastverkehr im urbanen Raum: Potenzialanalyse am Fallbeispiel des Wirtschaftsraums Mannheim", Stuttgart, 2014.

[41] J. Jöhrens *et al.*, "Potentialanalyse für Batterie-Lkw: Teilbericht im Rahmen des Vorhabens „Elektrifizierungspotenzial des Güter- und Busverkehrs - My eRoads“", Heidelberg / Nürnberg / Karlsruhe, Juli 2021.

[42] Nationale Leitstelle Ladeinfrastruktur, "Einfach E-Lkw laden: Die User Journey an öffentlichen Ladestationen jetzt und 2030", Juni 2023.

[43] K. Walz, F. Otteny und K. Rudion, "A Charging Profile Modeling Approach for Battery-Electric Trucks based on Trip Chain Generation" in *IEEE PES Innovative Smart Grid Technologies Europe (ISGT)*, Espoo, Finnland, Okt. 2021, doi: 10.1109/ISGTEurope52324.2021.9640136.

[44] CharIN, Hg., "Megawatt Charging System: Recommendations and requirements for MCS related standards bodies and solution suppliers" Version 1.0, 24. Nov. 2022. Zugriff am: 3. August 2023.

[45] T. Wawer, *Elektrizitätswirtschaft: Eine praxisorientierte Einführung in Strommärkte und Stromhandel*. Wiesbaden: Springer Fachmedien, 2022.

[46] A. J. Schwab, *Elektroenergiesysteme,* 6. Aufl. Berlin, Heidelberg: Springer Berlin Heidelberg, 2020.

[47] Deutsche Energie-Agentur, Hg., "dena-Netzstudie III – Stakeholderdialog zur Weiterentwicklung der Planungsverfahren für Energieinfrastrukturen auf dem Weg zum klimaneutralen Energiesystem", 2022. Zugriff am: 4. August 2023.

[48] VDE FNN, "Netzintegration Elektromobilität: Leitfaden für eine flächendeckende Verbreitung von E-Fahrzeugen", Aug. 2019. [Online]. Verfügbar unter: www.vde.com/resource/blob/1896388/8dc2a98adff3baa259dbe98ec2800bd4/fnn-hinweis--e-mobilitaet-download-data.pdf. Zugriff am: 9. August 2023.

[49] M. Linnemann und C. Nagel, *Elektromobilität und die Rolle der Energiewirtschaft: Rechte und Pflichten eines Ladesäulenbetreibers*. Wiesbaden: Springer Fachmedien, 2020.

[50] B. Munzel, M. Reiser und K. Steinbacher, "Flexibilitätspotenziale und Sektorkopplung: Synthesebericht 1 des SINTEG Förderprogramms" Studie im Auftrag des BMWK, Berlin, 2022.

[51] Bundesnetzagentur, Hg., "Flexibilität im Stromversorgungssystem: Bestandsaufnahme, Hemmnisse und Ansätze zur verbesserten Erschließung von Flexibilität", Apr. 2017. [Online]. Verfügbar unter: www.bundesnetzagentur.de/SharedDocs/Downloads/DE/Sachgebiete/Energie/Unternehmen_Institutionen/NetzentwicklungUndSmartGrid/BNetzA_Flexibilitaetspapier.pdf?__blob=publicationFile&v=1. Zugriff am: 15. August 2023.

[52] F. Guthoff, N. Klempp und K. Hufendiek, "Quantification of the Flexibility Potential through Smart Charging of Battery Electric Vehicles and the

Effects on the Future Electricity Supply System in Germany", *Energies*, Jg. 14, Nr. 9, S. 2383, 2021, doi: 10.3390/en14092383.

[53] M. K. Gerritsma, T. A. AlSkaif, H. A. Fidder und W. G. van Sark, "Flexibility of Electric Vehicle Demand: Analysis of Measured Charging Data and Simulation for the Future", *WEVJ*, Jg. 10, Nr. 1, S. 14, 2019, doi: 10.3390/wevj10010014.

[54] BDEW Bundesverband der Energie- und Wasserwirtschaft e.V., Hg., "Konkretisierung des Ampelkonzepts im Verteilnetz: Diskussionspapier", Berlin, 10. Feb. 2017.

[55] S. Englberger, K. Abo Gamra, B. Tepe, M. Schreiber, A. Jossen und H. Hesse, "Electric vehicle multi-use: Optimizing multiple value streams using mobile storage systems in a vehicle-to-grid context", *Applied Energy*, Jg. 304, S. 117862, 2021, doi: 10.1016/j.apenergy.2021.117862.

[56] S. Ried, "Gesteuertes Laden von Elektrofahrzeugen in Verteilnetzen mit hoher Einspeisung erneuerbarer Energien: Ein Beitrag zur Kopplung von Elektrizitäts- und Verkehrssektor" Dissertation, Fakultät für Wirtschaftswissenschaften, Karlsruher Institut für Technologie (KIT), Karlsruhe, 2021.

[57] A. Schuller, C. M. Flath und S. Gottwalt, "Quantifying load flexibility of electric vehicles for renewable energy integration", *Applied Energy*, Jg. 151, S. 335–344, 2015, doi: 10.1016/j.apenergy.2015.04.004.

[58] W.-P. Schill, M. Niemeyer, A. Zerrahn und J. Diekmann, "Bereitstellung von Regelleistung durch Elektrofahrzeuge: Modellrechnungen für Deutschland im Jahr 2035", *Zeitschrift für Energiewirtschaft*, Jg. 40, Nr. 2, S. 73–87, 2016, doi: 10.1007/s12398-016-0174-7.

[59] G. van Kriekinge, C. de Cauwer, N. Sapountzoglou, T. Coosemans und M. Messagie, "Peak shaving and cost minimization using model predictive control for uni- and bi-directional charging of electric vehicles", *Energy Reports*, Jg. 7, S. 8760–8771, 2021, doi: 10.1016/j.egyr.2021.11.207.

[60] Y. Schulze, N. Jooß und M. Müller, "Netzbelastungen durch optimal am Spotmarkt vermarktete bidirektionale Elektrofahrzeuge", 2022. Zugriff am: 18. August 2023.

[61] E. C. Kara, J. S. Macdonald, D. Black, M. Bérges, G. Hug und S. Kiliccote, "Estimating the benefits of electric vehicle smart charging at non-residential locations: A data-driven approach", *Applied Energy*, Jg. 155, S. 515–525, 2015, doi: 10.1016/j.apenergy.2015.05.072.

[62] K. Mahmud, M. J. Hossain und G. E. Town, "Peak-Load Reduction by Coordinated Response of Photovoltaics, Battery Storage, and Electric Vehicles", *IEEE Access*, Jg. 6, S. 29353–29365, 2018, doi: 10.1109/ACCESS.2018.2837144.

[63] M. Cañigueral und J. Meléndez, "Flexibility management of electric vehicles based on user profiles: The Arnhem case study", *International Journal of Electrical Power & Energy Systems*, Jg. 133, S. 107195, 2021, doi: 10.1016/j.ijepes.2021.107195.

[64] A. Iliceto *et al.,* "ENTSO-E Position Paper: Deployment of Heavy-Duty Electric Vehicles and their Impact on the Power System", Okt. 2023.

[65] V. Crastan und D. Westermann, *Elektrische Energieversorgung 3*. Berlin, Heidelberg: Springer Berlin Heidelberg, 2018.

[66] J. Jäger, C. Romeis und E. Petrossian, *Duale Netzplanung*. Wiesbaden: Springer Fachmedien Wiesbaden, 2016.

[67] P. Wiest, "Probabilistische Verteilnetzplanung zur optimierten Integration flexibler dezentraler Erzeuger und Verbraucher" Dissertation, Institut für Energieübertragung und Hochspannungstechnik, Universität Stuttgart, Stuttgart, 2018.

[68] A. Orths, "Multikriterielle, optimale Planung von Verteilungsnetzen im liberalisierten Energiemarkt unter Verwendung von spieltheoretischen Verfahren" Dissertation, Otto-von-Guericke-Universität, Magdeburg, 2003.

[69] *VDE-AR-N 4121: Planungsgrundsätze für 110-kV-Netze,* VDE, Apr. 2018.

[70] K. F. Schäfer, *Netzberechnung*. Wiesbaden: Springer Fachmedien Wiesbaden, 2023.

[71] A. Probst, "Auswirkungen von Elektromobilität auf Energieversorgungsnetze analysiert auf Basis probabilistischer Netzplanung" Dissertation, Institut für Energieübertragung und Hochspannungstechnik, Universität Stuttgart, Stuttgart, 2014.

[72] D. Vangulick *et al.,* "Load modelling and distribution planning in the era of electric mobility: CIRED WG 2018-1 Final Report", Juli 2021.

[73] F. Pilo *et al., Planning and Optimization Methods for Active Distribution Systems: Working Group C6.19*, 2014.

[74] VDE FNN, Hg., "Ermittlung von Gleichzeitigkeitsfaktoren für Ladevorgänge an privaten Ladepunkten: Wissenschaftliche Untersuchung zur Gleichzeitigkeit von ungesteuerten Ladevorgängen von Elektrofahrzeugen", Okt. 2021.

[75] J. Quiros-Tortos, A. N. Espinosa, L. F. Ochoa und T. Butler, "Statistical Representation of EV Charging: Real Data Analysis and Applications" in *2018 Power Systems Computation Conference (PSCC)*, Dublin, Ireland, 2018, S. 1–7, doi: 10.23919/PSCC.2018.8442988.

[76] M. Jenkins und I. Kockar, "Electric vehicle aggregation model: A probabilistic approach in representing flexibility", *Electric Power Systems Research*, Jg. 213, 2022, doi: 10.1016/j.epsr.2022.108484.

[77] G. Pareschi, L. Küng, G. Georges und K. Boulouchos, "Are travel surveys a good basis for EV models? Validation of simulated charging profiles against empirical data", *Applied Energy*, Jg. 275, 2020, doi: 10.1016/j.apenergy.2020.115318.

[78] Y. Wang und D. Infield, "Markov Chain Monte Carlo simulation of electric vehicle use for network integration studies", *International Journal of Electrical Power & Energy Systems*, Jg. 99, S. 85–94, 2018.

[79] K. Walz, D. Contreras, K. Rudion und P. Wiest, "Modelling of Workplace Electric Vehicle Charging Profiles based on Trip Chain Generation" in *IEEE PES Innovative Smart Grid Technologies Europe (ISGT)*, Den

Haag, Niederlande, Okt. 2020, S. 459–463, doi: 10.1109/ISGT-Europe47291.2020.

[80] L. Liu, "Einfluss der privaten Elektrofahrzeuge auf Mittel- und Niederspannungsnetze" Dissertation, Technische Universität Darmstadt, Darmstadt, 2017.

[81] D. Wang, J. Gao, P. Li, B. Wang, C. Zhang und S. Saxena, "Modeling of plug-in electric vehicle travel patterns and charging load based on trip chain generation", *Journal of Power Sources*, Jg. 359, S. 468–479, 2017, doi: 10.1016/j.jpowsour.2017.05.036.

[82] Y. Fu, K. Walz und K. Rudion, "Analysis of Driving Patterns in Car Traffic and their Potential for Vehicle-to-Grid Applications" in *IEEE PowerTech Conference*, Madrid, Spanien, Juni 2021, doi: 10.1109/PowerTech46648.2021.

[83] B. Borlaug, M. Moniot, A. Birky, M. Alexander und M. Muratori, "Charging needs for electric semi-trailer trucks", *Renewable and Sustainable Energy Transition*, Jg. 2, 2022, doi: 10.1016/j.rset.2022.100038.

[84] F. Tong, D. Wolfson, A. Jenn, C. D. Scown und M. Auffhammer, "Energy consumption and charging load profiles from long-haul truck electrification in the United States", *Environ. Res.: Infrastruct. Sustain.*, Jg. 1, Nr. 2, 2021, doi: 10.1088/2634-4505/ac186a.

[85] P. Plötz und D. Speth, "Truck Stop Locations in Europe: Final Report", Karlsruhe, Mai 2021.

[86] Transport & Environment, Hg., "Unlocking Electric Trucking in the EU: recharging in cities", Juli 2020.

[87] J. Auer, S. Link und P. Plötz, "Public charging locations for battery electric trucks: A GIS-based statistical analysis using real-world truck stop data for Germany", 2023.

[88] H. Yang *et al.*, "Operational Planning of Electric Vehicles for Balancing Wind Power and Load Fluctuations in a Microgrid", *IEEE Trans. Sustain. Energy*, Jg. 8, Nr. 2, S. 592–604, 2017, doi: 10.1109/TSTE.2016.2613941.

[89] K. Walz und K. Rudion, "Zeitreihenbasierte Modellierung des Ladebedarfs batterie-elektrischer Lkw für die probabilistische Netzplanung" in *ETG Kongress*, Kassel, Deutschland, Mai 2023.

[90] K. Walz und K. Rudion, "Charging Profile Modeling of Electric Trucks at Logistics Centers", *Energies*, Jg. 17, Nr. 22, S. 5613, 2024, doi: 10.3390/en17225613.

[91] M. Landau, J. Prior, R. Gaber, M. Scheibe, R. Marklein und J. Kirchhof, "Technische Begleitforschung Allianz Elektromobilität - TEBALE: Abschlussbericht", Kassel, 2016.

[92] T. Märzinger, D. Wöss, P. Steinmetz, W. Müller und T. Pröll, "Novel Modelling Approach for the Calculation of the Loading Performance of Charging Stations for E-Trucks to Represent Fleet Consumption", *Energies*, Jg. 14, Nr. 12, 2021, doi: 10.3390/en14123471.

[93] K. Walz, K. Rudion, C.-M. Moraw und M. Eilers, "Probabilistic Impact Assessment of Electric Truck Charging on a Medium Voltage Grid" in *IEEE PES Innovative Smart Grid Technologies Europe (ISGT)*, Novi Sad, Serbien, Okt. 2022, doi: 10.1109/ISGT-Europe54678.2022.

[94] M. Wermuth *et al.*, "Kraftfahrzeugverkehr in Deutschland 2010 (KiD 2010): Schlussbericht", Braunschweig, 2012. Zugriff am: 15. Mai 2023.

[95] M. Wermuth *et al.*, "Kontinuierliche Befragung des Wirtschaftsverkehrs in unterschiedlichen Siedlungsräumen - Phase 2, Hauptstudie: (Kraftfahrzeugverkehr ind Deutschland - KiD 2002) Schlussbericht Band 1", Braunschweig, 2003. Zugriff am: 17. Mai 2023.

[96] European Union, *Road freight transport methodology: 2016 edition*. Luxembourg, 2017.

[97] Bundesministerium für Digitales und Verkehr, *Nebenbetriebe / Rastanlagen*. [Online]. Verfügbar unter: https://bmdv.bund.de/SharedDocs/DE/Artikel/StB/nebenbetriebe-rastanlagen.html (Zugriff am: 30. November 2023).

[98] A. Lüttmerding, M. Gather, F. Heinitz und N. Hesse, "Belegung der Autobahnplätze durch LKW in Thüringen: Bestandsaufnahme und

grundsätzliche Maßnahmenempfehlungen", Erfurt, Berichte des Instituts Verkehr und Raum 3, Juli 2008.

[99] Bundesanstalt für Straßenwesen, *MDM-Plattform.* [Online]. Verfügbar unter: www.service.mdm-portal.de/mdm-portal-application/ (Zugriff am: 15. Juli 2023).

[100] Die Autobahn GmbH des Bundes, *Belegung der Lkw-Stellplätze ausgewählter BAB-Rastanlagen in Hessen: Belegungsgrad der Lkw-Stellplätze von ausgewählten BAB Rastanlagen in Hessen*. Mobilitäts Daten Marktplatz, 2023.

[101] Bayerische Straßenbauverwaltung - Zentralstelle für Verkehrsmanagement, *LKW Daten: Statische und dynamische Belegungsdaten von LKW-Stellplätzen in Bayern*. Mobilitäts Daten Marktplatz, 2023.

[102] Euro Rastpark GmbH & Co. KG, *Euro Rastpark Achern (dynamisch).* Mobilitäts Daten Marktplatz, 2023.

[103] Landesbetrieb Mobilität Rheinland-Pfalz, *Dynamische LKW-Parkstandsbelegung BAB 61 in Rheinland-Pfalz: Auskunft über den Lkw-Belegungsgrad ausgewählter Rastanlagen entlang der BAB 61 in Rheinland-Pfalz*. Mobilitäts Daten Marktplatz, 2023.

[104] OpenStreetMap, *Urheberrecht und Lizenz.* [Online]. Verfügbar unter: openstreetmap.org/copyright (Zugriff am: 29. April 2024).

[105] N.-L. Fischer, K. Walz und K. Rudion, "Combined modelling of different electric vehicle fleets for estimation of grid impact and flexibility potential" in *CIRED Workshop*, Wien, 2024.

[106] S. Krause, "Empfehlungen für Rastanlagen an Straßen", Bonn, Allgemeines Rundschreiben Straßenbau 17/2021, 19. Juli 2021.

[107] Kraftfahrt-Bundesamt, *Bestand an Kraftfahrzeugen und Kraftfahrzeuganhängern nach Zulassungsbezirken, 1. Januar 2022 (FZ 1)*. Datenlizenz Deutschland – Namensnennung –Version 2.0. [Online]. Verfügbar unter: https://www.kba.de/SharedDocs/Downloads/DE/Statistik/Fahrzeuge/FZ1/fz1_2022.html (Zugriff am: 30. April 2024).

[108] TransnetBW GmbH, *Marktdaten: Kennzahlen.* [Online]. Verfügbar unter: www.transnetbw.de/de/transparenz/marktdaten/kennzahlen (Zugriff am: 30. April 2024).

9 Anhang

A Liste eigener Publikationen

2024

- K. Walz und K. Rudion, "Charging Profile Modeling of Electric Trucks at Logistics Centers", *Energies*, Jg. 17, Nr. 22, S. 5613, 2024, doi: 10.3390/en17225613.
- N.-L. Fischer, K. Walz und K. Rudion, "Combined modelling of different electric vehicle fleets for estimation of grid impact and flexibility potential" in *CIRED Workshop*, Wien, 2024.
- L. Mauch, K. Walz, F. Otteny und D. Pfleger, "Plattform für einen sektorenübergreifenden Austausch von Transport- und Energiedaten", *ATZ - Automobiltechnische Zeitschrift*, Jg. 126, Nr. 1, S. 70–74, 2024, doi: 10.1007/s35148-023-1701-6.

2023

- C. Wagner, K. Walz, K. Rudion, D. Burghof und I. Mauser, „Vehicle-to-home or battery energy storage systems - a comparison of the potential usage in smart homes“ in *CIRED 27th International Conference on Electricity Distribution*, Rom, Italien, Juni 2023.
- K. Walz und K. Rudion, „Zeitreihenbasierte Modellierung des Ladebedarfs batterie-elektrischer Lkw für die probabilistische Netzplanung“ in *ETG Kongress*, Kassel, Deutschland, Mai 2023.

2022

- K. Walz, K. Rudion, C.-M. Moraw und M. Eilers, „Probabilistic Impact Assessment of Electric Truck Charging on a Medium Voltage Grid“ in *IEEE PES Innovative Smart Grid Technologies Europe (ISGT)*, Novi Sad, Serbien, Okt. 2022, doi: 10.1109/ISGT-Europe54678.2022.

2021

- K. Walz, F. Otteny und K. Rudion, „A Charging Profile Modeling Approach for Battery-Electric Trucks based on Trip Chain Generation“ in *IEEE PES Innovative Smart Grid Technologies Europe (ISGT)*, Espoo, Finnland, Okt. 2021, doi: 10.1109/ISGTEurope52324.2021.9640136.
- K. Walz und K. Rudion, „Electric Truck Energy Demand Modeling and Load Profile Regionalization for Electric Grid Planning“ in *Conference on Sustainable Energy Supply and Energy Storage Systems (NEIS)*, Hamburg, Sep. 2021, S. 84–89.
- D. Vangulick et al., „Load modelling and distribution planning in the era of electric mobility: CIRED WG 2018-1 Final Report “, Juli 2021.

	-	Y. Fu, K. Walz und K. Rudion, „Analysis of Driving Patterns in Car Traffic and their Potential for Vehicle-to-Grid Applications“ in *IEEE PowerTech Conference*, Madrid, Spanien, Juni 2021, doi: 10.1109/PowerTech46648.2021.
	-	K. Walz, D. Pfleger, K. Rudion und R. Schulz, "Flexible Energieversorgung in Logistikzentren zur Erbringung von Systemdienstleistungen in elektrischen Netzen (FELSEN): Forschungsbericht BWPLUS", März 2021.
2020	-	K. Walz, D. Contreras, K. Rudion und P. Wiest, „Modelling of Workplace Electric Vehicle Charging Profiles based on Trip Chain Generation“ in *IEEE PES Innovative Smart Grid Technologies Europe (ISGT)*, Den Haag, Niederlande, Okt. 2020, S. 459–463, doi: 10.1109/ISGT-Europe47291.2020.
	-	K. Walz, D. Contreras und K. Rudion, „Synthetic charging profiles development of battery–electric trucks for probabilistic grid planning“ in *CIRED Workshop (CIRED 2020)*, Berlin, Deutschland, Sep. 2020, S. 124–127, doi: 10.1049/oap-cired.2021.0259.
	-	D. Pfleger, K. Walz, R. Schulz, K. Rudion, J. Maurer und C.-M. Moraw, „Ermittlung des logistischen und energetischen Flexibilitätspotentials eines Logistikzentrums unter Berücksichtigung von Elektromobilität“ in *Logistics Journal: Proceedings*, 2020, doi: 10.2195/LJ_PROC_PFLEGER_DE_202012_01.
2019	-	K. Walz, „Batterieelektrische Lastkraftwagen: Eine sinnvolle Maßnahme im Kampf gegen den Klimawandel oder ein unüberwindbares Risiko für das Stromnetz?“ in Bd. 34, *Positionen*, Verband Baden-Württembergischer Wissenschaftlerinnen, Hg., 2019, S. 22–30.
	-	D. Pfleger und K. Walz, „E-Mobilität flexibel“, *Logistik Heute*, Sonderheft, S. 26–27, 2019.

B Charakterisierung von Logistikzentren

Im Rahmen von [28] wurde ein Verfahren zur Abschätzung des Verkehrsaufkommens von Logistikflächen entwickelt. Dabei wird zwischen einer Grob- und einer Feinabschätzung unterschieden. Bei der Grobabschätzung werden Verkehrskennwerte basierend auf Befragungen von Logistikbetrieben der Handels- und Verkehrslogistik ermittelt. Dazu wird die Grundstücks-, Hallenfläche, Tor- oder Mitarbeiterzahl eines Betriebs dazu genutzt, Aussagen über die täglich ankommenden Lkw zu treffen. Bei der Feinabschätzung hingegen wurden Standardtypen von Logistikzentren entwickelt, zu denen typische Tagesgänge von Ein- und Ausfahrten, Anzahl und Art der Lkw, Mitarbeiter-, Hallen- und Grundstücksgrößen zugeordnet werden. Tabelle 9-1 zeigt eine Übersicht der Standardtypen und ihrer Charakteristika.

Tabelle 9-1: Übersicht der Standardtypen von Logistikzentren und deren Charakteristik nach [28].

Typ	Sub-Typ	Charakteristik
Distributionslager	Regionales Distributionslager	Distributionsläger von Einzel- oder Großhändlern zur Belieferung regionaler Filialen, Handel, Gastronomie
	Nationales Distributionslager	Überregionale Distributionszentren zur Belieferung untergeordneter Distributionsstufen oder Filialen
	Lager des Großhandels	Lagerhallen des Großhandels zur Belieferung von Distributionslägern oder als Industriezulieferer
Logistikzentrum Industrie	Werkslager / Auslieferungslager	Industrie-Lager zur Belieferung von Einzelhändler-Distributionslagern, internationaler Versand
	Zulieferungslager	Industrie-Lager ausgerichtet auf Werksstandort, Bündelung von Gütern für Just-in-Time Werksbelieferung
Logistikzentrum Stückgut	Regionales Depot	Konsolidierung von Sendungen auf regionaler Ebene für Hauptläufe
	Landverkehrs-Hub	Verknüpfungspunkt für Hauptläufe zwischen regionalen Depots
	Consolidation-Hub	Zusammenführung von Sendungen nationaler Netze für internationalen Versand
Speditions-/Kontraktlogistikzentrum	Import/Export	Speditionen mit Fokus auf internationalen Transportketten, keine eigene Flotte, viele Container
	Landverkehre	Regionale Speditionen, die viele verschiedene Logistikleistungen anbieten
	Speziallogistik	Speditionen mit Fokus auf besondere Gütergruppen, eigene Spezial-Flotte
Transport-/Lagerdienste	Lagerbetrieb	Zwischen- oder Pufferlager oft im Rahmen von Kontraktlogistik.
	Transportbetrieb	Subunternehmer, die Transporte für andere durchführen.
Infrastrukturgebundenes Logistikzentrum	Hafen, Flughafen, Bahnverladung	Logistikdienstleister, die auf Infrastruktur angepasste Leistungen anbieten

Für die Modellierung des Ladebedarfs von Lkw an Logistikzentren in dieser Arbeit bietet sich dabei aufgrund der Zeitcharakteristik eher die Feinabschätzung an, die auch in [28] als genauer eingestuft wird. Anhand von Betriebsbefragungen wurden für die unterschiedlichen Standard-Subtypen von Logistikzentren in [28] Verkehrs- und Nutzungskennwerte sowie typische Tagesgänge der Ein- und Ausfahrten durch Lkw ermittelt. Diese sind in Tabelle 9-2 und Abbildung 9-1 zusammengefasst. Dabei wurde der Fokus auf acht Untertypen mit ausreichender Stichprobengröße gelegt. Sowohl an den Verkehrs- und Nutzungskennwerten als auch an den Tagesgängen sind deutliche Unterschiede zwischen den Zentrumstypen zu erkennen.

Tabelle 9-2: Zusammenfassung der Nutzungskennwerte und Lkw-Fahrtenzahl der Logistikzentrums-Subtypen. Daten aus [28].

	Nutzungskennwerte			**Lkw-Fahrten / ha-Hallenfläche und Werktag**			
Sub-Typ	Nettobauland / ha	Hallenfläche / ha	Beschäftigte / -	Mittelwert / -	Standardabweichung / % vom Mittelwert	Gewichteter Mittelwert / -	Standardabweichung / % vom gewichteten Mittelwert
Regionales Distributionslager	2 – 5	0,5 – 2	100 – 200	191	53	162	63
Nationales Distributionslager	1 – 15	1 – 10	mehrere 100	72	88	49	129
Lager des Großhandels	0,5 – 2	< 1	< 100	100	47	91	52
Regionales Depot	2 – 5	0,5 – 1	100 – 200	596	59	537	65
Import/Export	1 – 5	< 3,5	zweistellig	104	103	43	247
Landverkehre	1 – 8	< 2	niedrig dreistellig	214	61	166	79
Lagerbetrieb	0,5 – 5	0,6 – 1	< 30	97	67	73	89
Transportbetrieb	< 1	0	< 50	k.A.	k.A.	k.A.	k.A.

Für die Modellierung des Ladebedarfs an Logistikzentren im Rahmen dieser Arbeit wurden Nutzungskennwerte und Tagesganglinien aus [28] ausgewählt und als Eingangsdatenbasis mit weiteren Daten verschnitten. Dieser Prozess ist in Kapitel 3 näher erläutert.

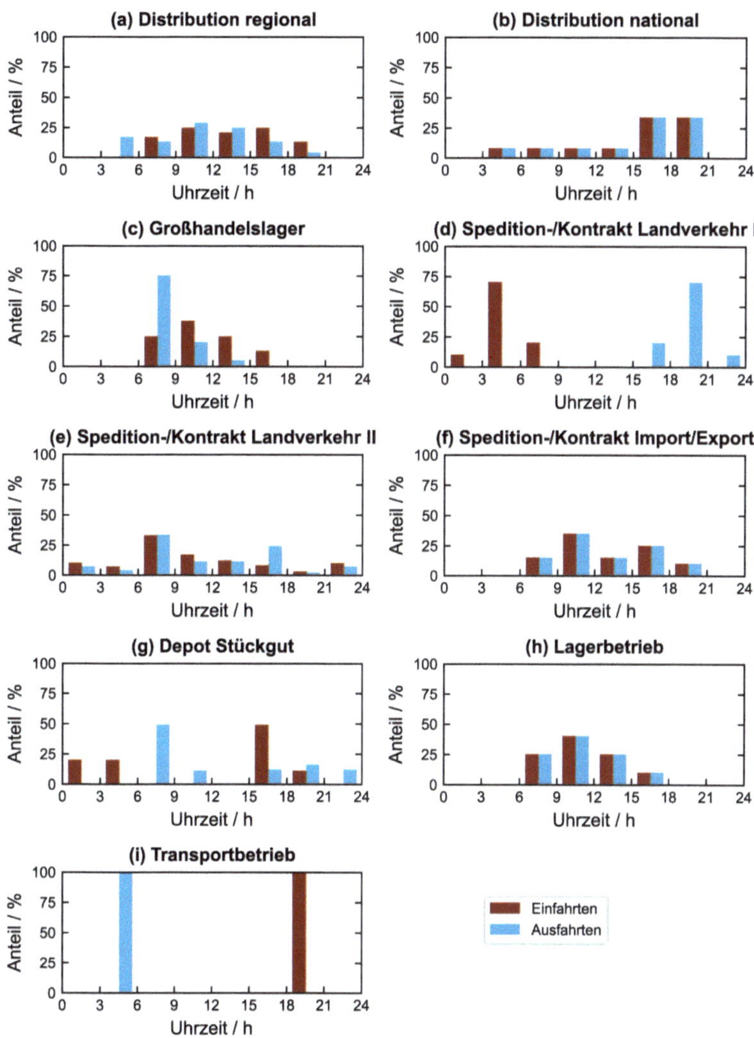

Abbildung 9-1: Tagesganglinien der täglichen Ein- und Ausfahrten durch Lkw an den Logistikzentrums-Subtypen. Daten aus [28].

C Details zu den genutzten Fahrtendaten

Für die Ladebedarfsmodellierung in dieser Arbeit werden reale Fahrtendaten in Deutschland eingesetzter Lkw benötigt. Diese sind jedoch im Rahmen amtlicher Statistiken nur begrenzt vorhanden. Mikrofahrtendaten, d.h. Datensätze mit Fahrten einzelner Lkw, sind dabei meist nicht öffentlich verfügbar, können jedoch bei den zuständigen Stellen beantragt bzw. erworben werden. Im Rahmen der Arbeit wurden zwei potentiell relevante Datensätze identifiziert. Mikrofahrtendaten aus der deutschen Studie „Kraftfahrzeugverkehr in Deutschland“ (KiD) sowie Mikrofahrtendaten aus der europäischen Studie „Erhebung über den europäischen Güterkraftverkehr“ (ERFT). Diese beiden Studien unterscheiden sich jedoch in Zeitraum, Inhalt und Umfang. Sie sind in Tabelle 9-3 gegenübergestellt.

Tabelle 9-3: Übersicht der charakteristischen Eigenschaften der beiden Datensätze von Mikrofahrtendaten des deutschen Straßenwirtschaftsverkehr.

	KiD 2002	**KiD 2010**	**ERFT 2011**	**ERFT total**
Zeitraum	2002	2010	2011	2011 – 2020
Inhalt	Deutscher Straßenwirtschaftsverkehr	Deutscher Straßenwirtschaftsverkehr	Europäischer Güterstraßenverkehr	Europäischer Güterstraßenverkehr
Fahrzeuge	70.249, davon Lkw-Gütertransport: 15.095	76.797, davon Lkw-Gütertransport: 10.143	143.651*	1.362.262*
Fahrten	117.377 davon Gütertransport: 48.050	118.962 davon Gütertransport: 44.913	1.285.022*	12.014.942*
Zeitstempel	Vorhanden	Vorhanden	Nicht vorhanden	Nicht vorhanden
Fahrtenketten	Vorhanden	Vorhanden	Nicht vorhanden	Nicht vorhanden
Geodaten	Quell-/Zieladresse (Koordinaten, Genauigkeit bis zu Straßenebene)	Quell-/Zieladresse (nur Gemeindekennziffer), anonymisierter Geodatensatz	Quell-/Zieladresse (NUTS 3 Ebene, Landkreis)	Quell-/Zieladresse (NUTS 3 Ebene, Landkreis)

** Für Deutschland, Fahrten in ERFT nach be-/entladen in Deutschland gefiltert*

Die KiD-Studie fokussiert sich auf den deutschen Straßenwirtschaftsverkehr. Das bedeutet, sie enthält nicht nur den Güterstraßenverkehr, sondern auch den Personenwirtschaftsverkehr. Dieser ist jedoch nicht Gegenstand dieser Arbeit und muss daher aus dem Datensatz eliminiert werden. Zum Zeitpunkt dieser Arbeit liegen die KiD-Daten für die Jahre 2002 und 2010 vor. Eine Anfrage beim verantwortlichen Bundesamt nach einer Neuauflage der Studie wurde zwar bestätigt, jedoch mit ungewissem Zeitpunkt. Ein Vorteil der KiD-Daten ist das Vorhandensein von Zeitstempel und den Zusammenhängen zwischen den Fahrten (Fahrtenketten).

Deutlich umfangreicher an Fahrzeugen, Fahrten und Betrachtungsjahren ist die ERFT-Studie. Sie konzentriert sich auf den Güterstraßenverkehr der EU-Länder. Für die Betrachtungen in dieser Arbeit werden daraus die Fahrten mit Quelle und Ziel in Deutschland herausgefiltert. Vorteile der ERFT-Studie sind Aktualität sowie Umfang, ein deutlicher Nachteil jedoch das Nichtvorhandensein von Zeitstempeln und Fahrtenketten. Dadurch sind die Daten dieser Studie gerade für den fahrzeugbezogenen Ansatz nur schwer verwendbar, da rein aus ihnen das jährliche Mobilitätsverhalten nicht nachgebildet werden kann.

Einen Vergleich der Einzelfahrtenlängen unterschieden nach den verschiedenen Datenquellen zeigt Abbildung 9-2. Darin sind die Fahrzeuge nach dem zulässigen Gesamtgewicht auf vier Gewichtsklassen aufgeteilt.

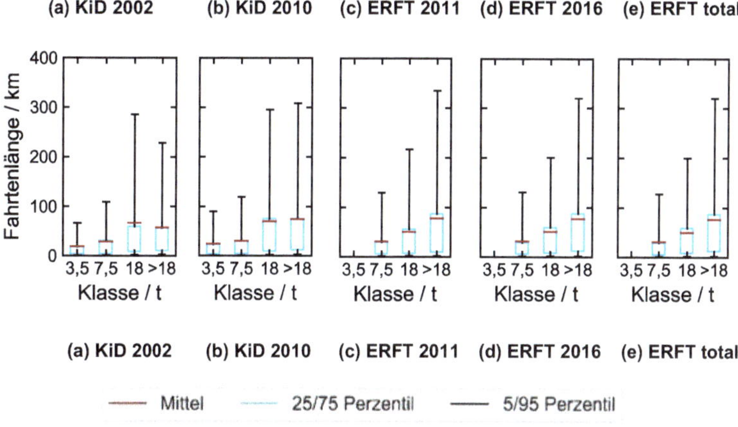

Abbildung 9-2: Vergleich der Einzelfahrtenlängen der verschiedenen Fahrtendatenquellen unterschieden nach den Fahrzeuggewichtsklassen.

In den ERFT-Studien sind nahezu keine leichten Lkw unter 3,5 t vorhanden. Daher sind die Angaben für diese Fahrzeugklasse nicht repräsentativ und wurde aus den Abbildungen c) bis e) ausgeschlossen. Ansonsten unterscheiden sich die Fahrtenlängen zwischen den Studien kaum. Auch unterscheiden sich die Fahrten nicht mit zunehmender Aktualität (vergleiche Abbildung 9-2 c – e). Mit Ausnahme von KiD 2002 gilt, in dem nur eine kleine Stichprobe schwerer Lkw vertreten ist, je schwerer die Fahrzeuge desto länger die Fahrten.

In Abbildung 9-3 sind die Anteile der verschiedenen Fahrzeuggewichtsklassen in den Studien dargestellt. Während in den KiD-Datensätzen besonders leichte Lkw dominieren, sind in den ERFT-Datensätzen diese nahezu nicht vertreten. Hier dominieren die schweren Lkw.

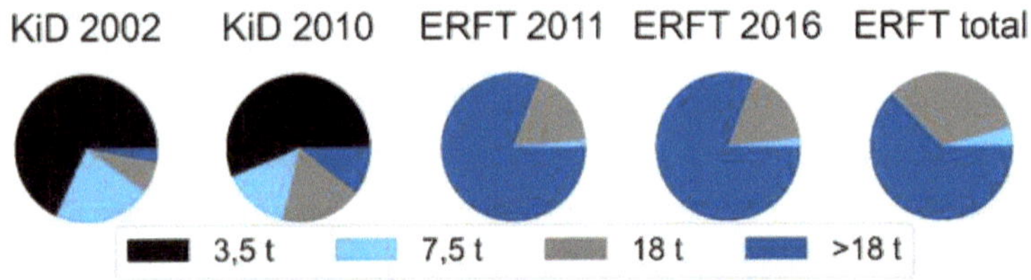

Abbildung 9-3: Vergleich des Anteils an Fahrzeuggewichtsklassen in den verschiedenen Fahrtendatenquellen.

Aus dem Vergleich der verschiedenen Fahrtendatenquellen können drei Schlussfolgerungen für diese Arbeit gezogen werden:

1. Die Fahrtdistanzen sind unabhängig von Datenbasis und verfügbaren Erhebungsjahren vergleichbar.
2. Wenn Zeitstempel oder Fahrtenketten benötigt werden, sind nur die KiD-Daten geeignet, da die ERFT-Daten keine Zeitinformationen und Zusammenhänge zwischen den Einzelfahrten enthalten.
3. Aufgrund der unterschiedlichen Schwerpunkte hinsichtlich der Fahrzeuggewichtsklassen ist eine Kombination von ERFT- und KiD-Daten empfehlenswert, wenn nur Einzelfahrtstrecken benötigt werden.

Abbildung 9-4 zeigt die Verteilung der Fahrzeugpositionen aller mindestens eine Fahrt durchführenden Lkw aus den beiden KiD-Datensätzen im Tagesverlauf. Der Anteil fahrender Fahrzeuge in schwarz steigt vom frühen Morgen bis zum Vormittag an und sinkt dann wieder ab. Alle anderen Fahrzeuge befinden sich jeweils an einem der dargestellten Fahrzeugstandorte. Die Fahrwahrscheinlichkeit ist in diesem Fall etwas höher als in Abbildung 3-8, da nur mindestens einmal am Tag fahrende Fahrzeuge betrachtet werden.

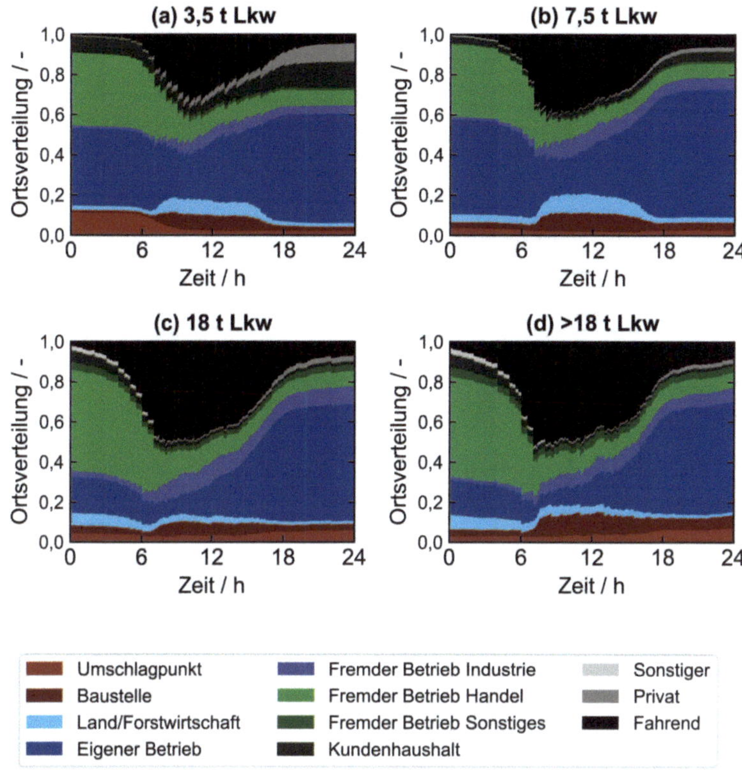

Abbildung 9-4: Aufenthaltsortverteilung der Fahrzeuge aus den KiD-Daten im Tagesverlauf.

D Weitere Standardlastprofile für Ladestandorte und Flotten

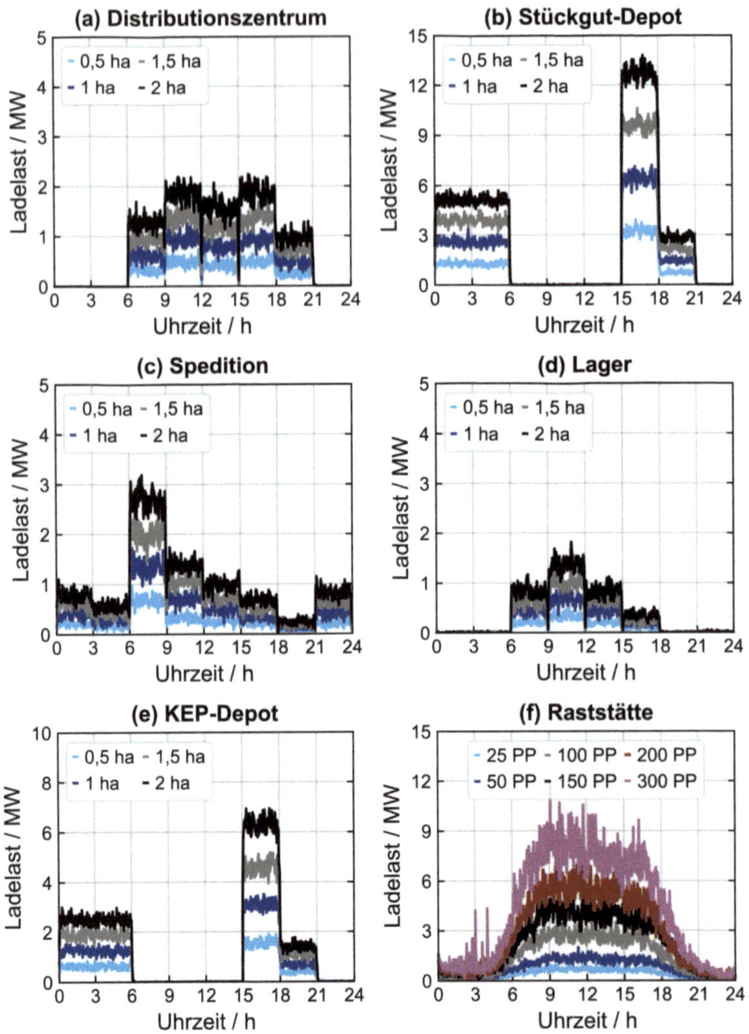

Abbildung 9-5: *Mittlere Werktagslastprofile für die E-Lkw Ladestandorte unterschiedlicher Größen beim sofortigen Laden mit maximal möglicher Ladeleistung in Szenario 1.*

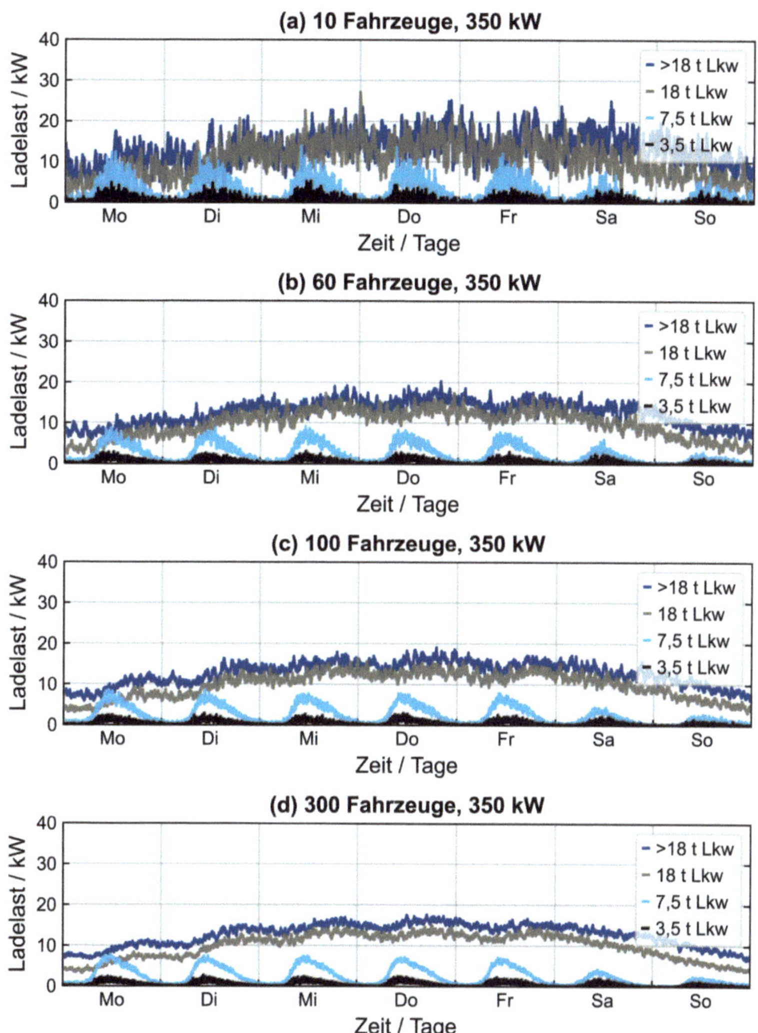

Abbildung 9-6: Mittlerer Verlauf der Wochenlast eines Lkw beim sofortigen Laden mit 350 kW und 100 % Ladeinfrastrukturquote für unterschiedliche Flottengrößen.

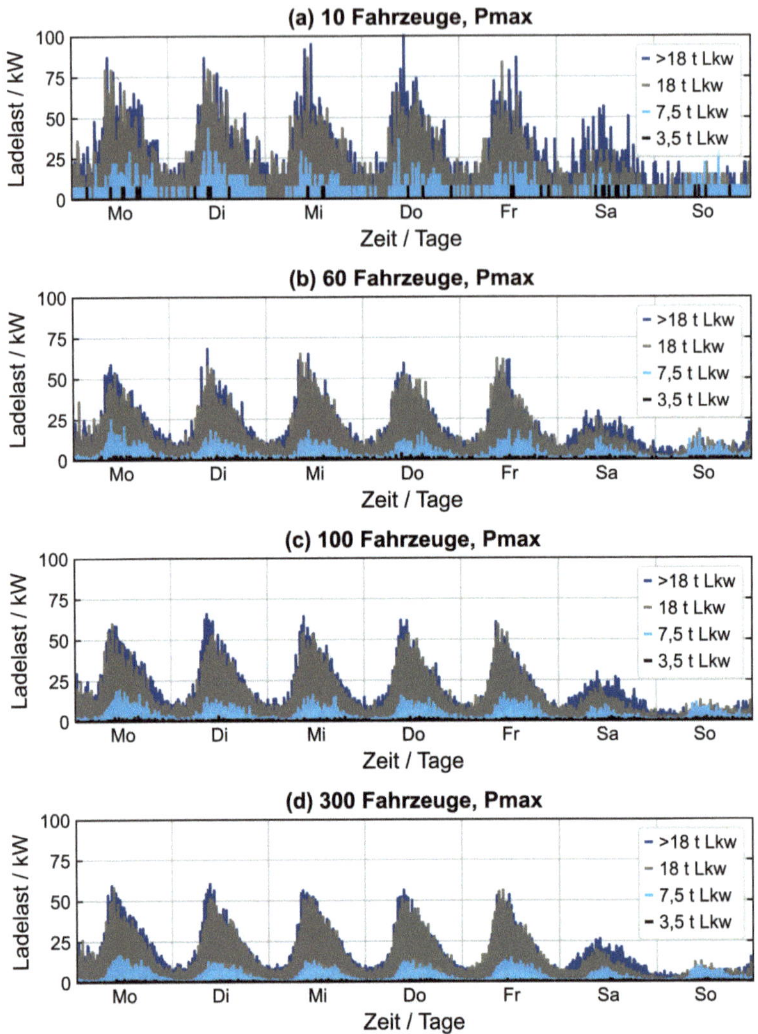

Abbildung 9-7: Mittlerer Verlauf der Wochenlast eines Lkw beim sofortigen Laden mit maximaler Ladeleistung und 100 % Ladeinfrastrukturquote für unterschiedliche Flottengrößen.